# 珠宝设计

## 手绘表现技法与实战

### ——基础·进阶·写实

YC 著

化学工业出版社

·北京·

## 内容简介

本书专业性地讲解珠宝设计手绘效果图的绘画技法。其中包括多种作者原创绘画方法，并通过大量绘制案例展示了技法的应用。内容上从基础宝石、基础材料表现到综合技法应用，从写实临摹到原创技巧，一应俱全，是珠宝设计手绘学习者的必备宝典。

**图书在版编目（CIP）数据**

珠宝设计手绘表现技法与实战：基础·进阶·写实 / YC
著 . —北京：化学工业出版社，2020.10
　ISBN 978-7-122-37367-0

　Ⅰ.① 珠… 　Ⅱ.① Y… 　Ⅲ.①宝石 - 设计 - 绘画技
法 　Ⅳ.①TS934.3

中国版本图书馆CIP数据核字（2020）第121835号

责任编辑：李彦玲　姚　烨　　　　　　　　装帧设计：关　飞
责任校对：王佳伟

出版发行：化学工业出版社（北京市东城区青年湖南街13号　邮政编码100011）
印　　装：北京缤索印刷有限公司
787mm×1092mm　1/16　印张11　字数292千字　2021年5月北京第1版第1次印刷

购书咨询：010-64518888　　　　　　　　售后服务：010-64518899
网　　址：http://www.cip.com.cn

# 目 录

第一章

工具准备

## 1. 0.3自动铅笔

最细的自动笔有0.2的，但容易断，推荐0.3自动铅笔作为画线稿专用笔。

## 2. MONO笔状橡皮

这款橡皮头非常细小，和笔头一样，可擦各种边角细缝，提高作图效率。

## 3. 纸笔

纸笔是练习宝石和金属明暗关系的辅助工具，功能等同于纸巾，是用来涂抹自动铅笔痕迹的。

## 4. 0.5黑色勾线笔

虽是0.5的粗度，但也算是最细的黑色勾线笔了，使用时靠控制力度来达到深浅效果变化，越轻就越细，常用来画宝石刻面线与线稿勾边。

## 5. 0.1红环针管笔

这是最细的白色针管笔，操作难度高，不易出水，干后不溶于水，常用来画宝石刻面线与金属拉丝。

## 6. 0.8白色高光笔

白色高光笔相当于粗版红环针管笔，但它易出水，也不溶于水，常用来画宝石和金属的高光部分。

## 7. 3号华虹勾线笔

这款笔使用的是人造尼龙毛，韧性较高，3号笔最为常用，可画最细的线，也可画最粗的线，存水量和渐变的手感都是最适中的。

## 8. 樱花白水粉

水粉是不通透的覆盖性颜料，水粉白色可画母贝、钻石、白金高光等。

## 9. 15色梵高水彩

水彩是通透性颜料，这是性价比最高的画珠宝的水彩，15色足够调配出各种颜色，本书中大部分的写实作品都是用这一盒水彩完成刻画的。

---

注：本书中提到的绘制工具，单位均为mm。

## 10. 24色辉柏嘉马克笔

马克笔和水彩的功用不同，它和针管笔、高光笔、勾线笔一样，是不溶于水的。它一般用于填线稿底色，是一种可快速出效果的工具。

## 11. CG1温莎牛顿马克笔

这款笔可以画出非常非常淡的灰色，是画珠宝阴影的神器。但使用时最好一笔到位，不然无法更改，初学者通常难以掌握，使作品毁于这一笔。

## 12. CG5温莎牛顿马克笔

CG5、CG1都是同一灰色系的，但CG5非常深，常用来点钻石的暗部。

## 13. TRIA DESIGN珠宝设计专用纸

这是TRIA DESIGN工作室自制的进口卡纸，是比较适合画珠宝设计的纸，它的灰色淡得很高级，本书后面上色作品均为该纸所画。

## 14. 直尺

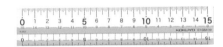

小直尺很灵活，方便画各方向的宝石刻面线。

## 15. 珠宝尺

珠宝尺是设计师通用的模板尺，它有多种不同形状的款式，但这两款尺是我们常用到的。

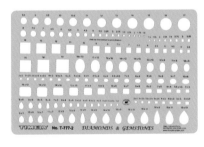
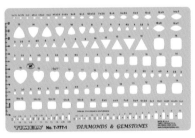

第二章

# 单颗宝石刻画

　　宝石分为两大类：刻面宝石和蛋面宝石。它们是从原石经过不同的切割和抛光生产而来的。如生活中常见的钻石是属于刻面宝石，玛瑙翡翠等是属于蛋面宝石。蛋面宝石又分两类：透明的和不透明的，翡翠属于透明的，玛瑙属于不透明的。绘制宝石时，我们设定所有的光源都统一从左上角来，宝石的明暗关系分为：亮部、暗部、反光。

　　亮部是光照到最亮的部分；暗部是光照不到的部分；反光一般是在宝石四周的边缘部分，是来自周围物体的淡淡的光。

## 马眼形

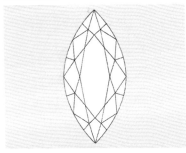

① 画出宝石刻面线。

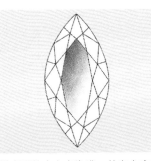

② 以桌面的中心点为准，从左上方用自动铅笔+纸笔渐变到右下方。

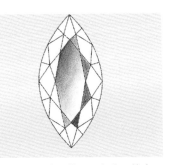

③ 桌面外的八块风筝面，左上三块亮部最白，右下三块暗部最暗，中间两块灰部过渡。

④ 再往外的八块风筝面，亮部的周围画暗，暗部的周围画亮，黑白关系是错开的，再用纸笔渐变。

⑤ 靠近腰部的刻面，方法同上，用黑白错开的方式渐变。

⑥ 用MONO橡皮沿着腰部边缘，在左上、右下的位置擦出两道反光。

## 梨形

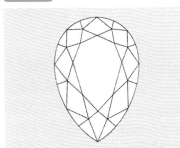

① 画出宝石刻面线。

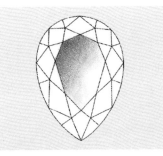

② 以桌面的中心点为准，从左上方用自动铅笔+纸笔渐变到右下方。

③ 桌面外的八块风筝面，左上三块亮部最白，右下三块暗部最暗，中间两块灰部过渡。

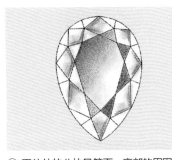

④ 再往外的八块风筝面，亮部的周围画暗，暗部的周围画亮，黑白关系是错开的，再用纸笔渐变。

⑤ 靠近腰部的刻面，方法同上，用黑白错开的方式渐变。

⑥ 用MONO橡皮沿着腰部边缘，在左上、右下的位置擦出两道反光。

① 画出宝石刻面线。

② 以桌面的中心点为准，从左上方用自动铅笔+纸笔渐变到右下方。

③ 桌面外的八块风筝面，左上三块亮部最白，右下三块暗部最暗，中间两块灰部过渡。

④ 再往外的八块风筝面，亮部的周围画暗，暗部的周围画亮，黑白关系是错开的，再用纸笔渐变。

⑤ 靠近腰部的刻面，方法同上，用黑白错开的方式渐变。

⑥ 用MONO橡皮沿着腰部边缘，在左上、右下的位置擦出两道反光。

祖母绿形

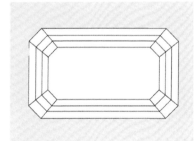

① 画出宝石刻面线。

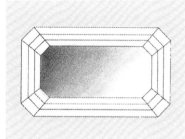

② 以桌面的中心点为准，从左上方用自动铅笔+纸笔渐变到右下方。

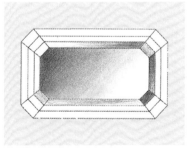

③ 桌面外的八块刻面，左上三块偏亮，右下三块偏暗。

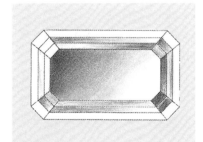

④ 再往外的八块刻面，整体明暗关系和上一步一样，但每一小块黑白关系是错开的，用纸笔渐变。

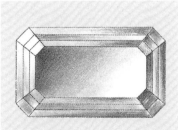

⑤ 靠近腰部的刻面，方法同上，整体明暗不变，每一小块用黑白错开的方式渐变。

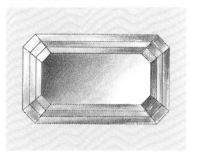

⑥ 用MONO橡皮沿着腰部边缘，在左上、右下的位置擦出两道反光。

## 二、刻面宝石上色案例

这里绘制的宝石不算写实风，每颗宝石的画法有所不同，但所有宝石的刻面线是一样的，光源方向和整体明暗关系也是一样的。在这些基本原则不变的基础上，我们在上色方面可随意发挥。

### 1. 白色蓝宝石

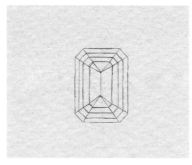  

① 先用珠宝尺画四个形，大小相套。再连接所有的刻面点。

② 用高光笔与CG1马克笔把明暗关系表现出来，注意刻面线不可碰，要清晰。

③ 用白色水彩在整个表面罩染一层透明的白。

④ 再用水彩的熟褐色+佩恩灰画出宝石的暗部。

⑤ 桌面画上两条白色高光，注意渐变。

⑥ 最后用0.1白色针管笔把刻面线都补上。

### 2. 白钻

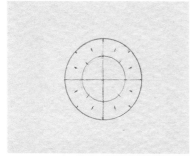 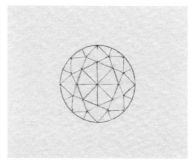 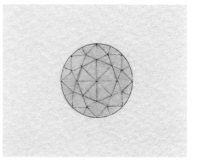

① 先用珠宝尺画两个圆，一大一小。再点出所有需连接的刻面点。

② 擦掉小圆，把所有刻面点用直尺连接。

③ 用温莎牛顿CG1马克笔把钻石的底全部涂满。

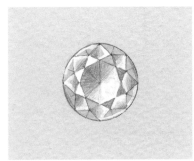

④ 再用高光与铅笔把明暗关系表现出来，注意刻面线不可碰，要清晰。

⑤ 再用白色水彩在整个表面罩染一层透明的白，然后用0.1白色针管笔把所有的刻面线用直尺描一遍，最外面的大圆也描一圈白。

⑥ 左上、右下边缘画上白色反光，桌面画上两条白色高光，完成。

## 3. 翠榴石

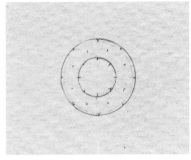

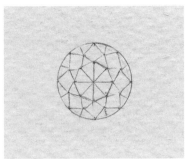

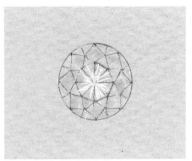

① 先用珠宝尺画两个圆，一大一小。再点出所有需连接的刻面点。

② 擦掉小圆，把所有刻面点用直尺连接。

③ 再用白色粉笔与CG1马克笔把明暗关系表现出来，注意刻面线不可碰，要清晰。

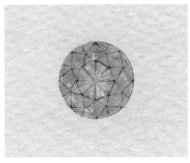

④ 用树叶绿色水彩随机表达宝石的明暗关系。

⑤ 然后重复上个步骤，加深明暗关系。

⑥ 用白色水彩把高光、反光随机画出来。

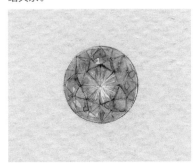

⑦ 用0.1白色针管笔画宝石桌面的散射。

⑧ 用绿色笔芯把桌面加点绿，散开。

⑨ 最后细节调整，适当加入刻面线与各种光。

## 4. 粉色蓝宝石

① 先用珠宝尺画两个心形，一大一小。再点出所有需连接的刻面点。

② 擦掉小心形，把所有的刻面点用直尺连接。

③ 再用高光笔与CG1马克笔把明暗关系表现出来，注意刻面线不可碰，要清晰。

④ 用玫红色+深红色水彩在整个表面罩染一层透明色，再用0.1白色针管笔把刚才所有的刻面线用直尺描一遍，最外面的心形也描一圈白。

⑤ 然后用白色水粉把高光反光都画出来，并用物体本色盖住一些刻面白线。

⑥ 最后左上、右下的边缘画上白色反光，桌面画上两条白色高光。

## 5. 粉钻

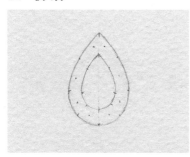

① 先用珠宝尺画两个水滴形，一大一小。再点出所有需连接的刻面点。

② 擦掉小水滴，把所有的刻面点用直尺连接。

③ 再用高光笔与CG1马克笔把明暗关系表现出来，注意刻面线不可碰，要清晰。

④ 用玫红色水彩在整个表面罩染一层透明色，再用0.1白色针管笔把刚才所有的刻面线用直尺描一遍，最外面的水滴形也描一圈白。

⑤ 然后用白色水粉把高光、反光都画出来，并用物体本色盖住一些刻面白线。

⑥ 最后左上、右下的边缘画上白色反光，桌面画上两条白色高光。

## 6. 橄榄石

① 先用珠宝尺画两个椭圆形，一大一小。再点出所有需连接的刻面点。

② 擦掉小椭圆，把所有的刻面点用直尺连接。

③ 再用高光笔，白色粉笔与自动铅笔把明暗关系表现出来，注意刻面线不可碰，要清晰。

④ 用树叶绿色水彩+深黄色水彩随机表达宝石的明暗关系。

⑤ 用熟褐色水彩加深宝石的暗部。

⑥ 最后细节调整，适当加入刻面线与各种光。

## 7. 海蓝宝石

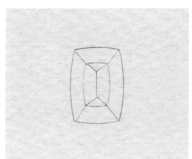

① 画出宝石的基本形状。

② 再用高光笔与自动铅笔把明暗关系表现出来，注意刻面线不可碰，要清晰。

③ 用天蓝色水彩透透地罩染整个宝石。

④ 群青色水彩作为暗部加深。

⑤ 0.1白色针管笔画出部分刻面线。

⑥ 最后细节调整，适当加入各种光。

## 8. 红宝石

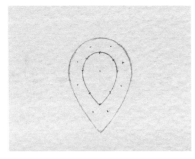

① 先用珠宝尺画两个水滴形，一大一小。再点出所有需连接的刻面点。

② 擦掉小水滴，把所有的刻面点用直尺连接。

③ 再用高光笔与CG1马克笔把明暗关系表现出来，注意刻面线不可碰，要清晰。

④ 用深红色水彩在整个表面罩染一层透明色，再用0.1白色针管笔把刚才所有的刻面线用直尺描一遍，最外面的水滴形也描一圈白。

⑤ 然后用白色水粉把高光、反光都画出来，并用物体本色盖住一些刻面白线。

⑥ 最后在左上、右下的边缘画上白色反光，桌面画上两条白色高光。

## 9. 黄色蓝宝石

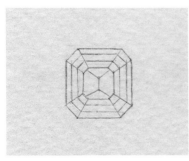

① 先用珠宝尺画四个形，大小相套。再连接所有的刻面点。

② 再用高光笔与CG1马克笔把明暗关系表现出来，注意刻面线不可碰，要清晰。

③ 用深黄色水彩在整个表面罩染一层透明色，再用0.1白色针管笔把刚才所有的刻面线用直尺描一遍，最外面的形也描一圈白。

④ 然后用白色水粉把高光、反光都画出来，并用物体本色盖住一些刻面白线。

⑤ 最后随机画上一些白色反光与高光。

## 10. 黄钻

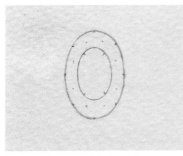

① 先用珠宝尺画两个椭圆形，一大一小。再点出所有需连接的刻面点。

② 擦掉小椭圆，把所有的刻面点用直尺连接。

③ 再用高光笔与CG1马克笔把明暗关系表现出来，注意刻面线不可碰，要清晰。

④ 用深黄色水彩在整个表面罩染一层透明色，再用0.1白色针管笔把刚才所有的刻面线用直尺描一遍，最外面的椭圆形也描一圈白。

⑤ 然后用白色水粉把高光、反光都画出来，熟褐色暗部加深，并用物体本色盖住一些刻面白线。

⑥ 最后，在左上、右下的边缘画上白色反光，桌面画上两条白色高光。

## 11. 尖晶石

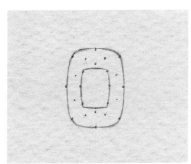

① 先用珠宝尺画两个形，一大一小。再点出所有需连接的刻面点。

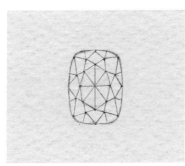

② 擦掉小的形，把所有的刻面点用直尺连接。

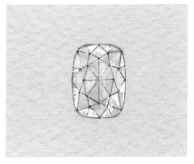

③ 再用高光笔与CG1马克笔把明暗关系表现出来，注意刻面线不可碰，要清晰。

④ 用深红色水彩+玫红色水彩随机表达宝石的明暗关系。

⑤ 用0.1白色针管笔画刻面线，再用白色水粉画随机的高光和反光。

⑥ 最后整体明暗调节，桌面用白色水粉加白。

## 12. 金绿宝石

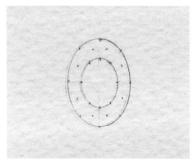

① 先用珠宝尺画两个椭圆形，一大一小。再点出所有需连接的刻面点。

② 用树叶绿色水彩+柠檬黄色水彩透透地罩染一层后，再用黑色马克笔画些暗部。

③ 用熟褐色水彩加深暗部。

④ 用0.1白色针管笔画刻面线，最外面的椭圆形也描白。

⑤ 最后用白色水彩把高光、反光随机画出来。

⑥ 最后调节细节，适当加入刻面线与各种光。

## 13. 蓝宝石

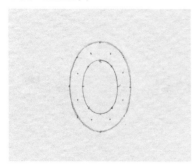

① 先用珠宝尺画两个椭圆形，一大一小。再点出所有需连接的刻面点。

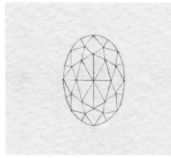

② 擦掉小椭圆，把所有的刻面点用直尺连接。

③ 再用高光笔与CG1马克笔把明暗关系表现出来，注意刻面线不可碰，要清晰。

④ 用群青色水彩在整个表面罩染一层透明色，再用0.1白色针管笔画刻面线，最外面的椭圆形也描白。

⑤ 然后用白色水粉把高光、反光都画出来，并用物体本色盖住一些刻面白线。

⑥ 最后在左上、右下的边缘画上白色反光，桌面画上两条白色高光。

## 14. 锰铝榴石

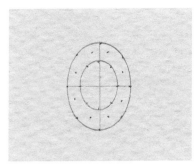

① 先用珠宝尺画两个椭圆形，一大一小。再点出所有需连接的刻面点。

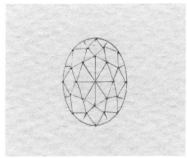

② 擦掉小椭圆，把所有的刻面点用直尺连接。

③ 用深红色，赭石色，深黄色，朱红色水彩随机表达宝石的明暗关系。

④ 等干后，洗笔晕染。

⑤ 用深红色水彩加深暗部。

⑥ 最后细节调整，适当加入刻面线与各种光。

## 15. 摩根石

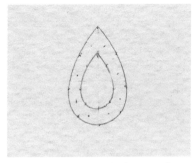

① 先用珠宝尺画两个水滴形，一大一小。再点出所有需连接的刻面点。

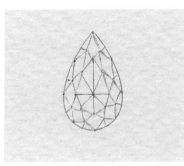

② 擦掉小水滴，把所有的刻面点用直尺连接。

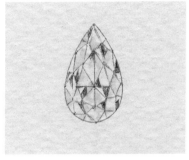

③ 再用白色粉笔与自动铅笔把明暗关系表现出来，注意刻面线不可碰，要清晰。

④ 用朱红色水彩+赭石色水彩随机表达宝石的明暗关系。

⑤ 然后用白色水粉把高光、反光随机画出来。

⑥ 最后细节调整，适当加入刻面线与各种光。

## 16. 帕拉伊巴

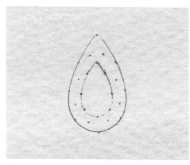

① 先用珠宝尺画两个水滴形，一大一小。再点出所有需连接的刻面点。

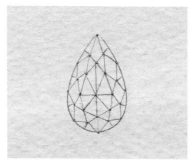

② 擦掉小水滴，把所有的刻面点用直尺连接。

③ 再用白色粉笔与自动铅笔把明暗关系表现出来，注意刻面线不可碰，要清晰。

④ 用天蓝色水彩+树叶绿色水彩随机表达宝石的明暗关系。

⑤ 用0.1白色针管笔画部分刻面线，并将左上角的三角填满高光。

⑥ 最后细节调整，适当加入刻面线与各种光。

## 17. 帕帕拉恰

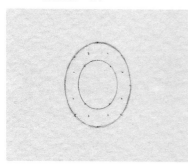

① 先用珠宝尺画两个椭圆形，一大一小。再点出所有需连接的刻面点。

② 擦掉小椭圆，把所有的刻面点用直尺连接。

③ 再用高光笔与CG1马克笔把明暗关系表现出来，注意刻面线不可碰，要清晰。

④ 用深红色+朱红色+赭石色水彩在整个表面罩染一层透明色。

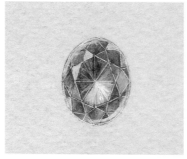

⑤ 然后用0.1白色针管笔画刻画面线，白色水粉把高光、反光随机画出来。

⑥ 最后，在左上、右下的边缘画上白色反光，桌面画上两条白色高光。

## 18. 沙弗莱

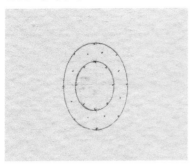

① 先用珠宝尺画两个椭圆形，一大一小。再点出所有需连接的刻面点。

② 擦掉小椭圆，把所有的刻面点用直尺连接。

③ 用树叶绿色水彩随机表达宝石的明暗关系，并在高光处加上高光与翠绿。

④ 洗笔，晕染出渐变。

⑤ 用白色水粉随机画刻面线。

⑥ 最后细节调整，适当加入刻面线与各种光。

## 19. 坦桑石

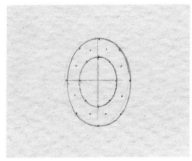

① 先用珠宝尺画两个椭圆形，一大一小。再点出所有需连接的刻面点。

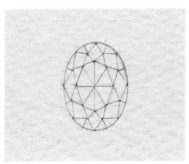

② 擦掉小椭圆，把所有的刻面点用直尺连接。

③ 用群青色水彩随机表达宝石的明暗关系。

④ 重复上一个步骤，加深暗部。

⑤ 用0.1白色针管笔画部分刻面线。

⑥ 最后细节调整，适当加入刻面线与各种光。

## 20. 亚历山大石

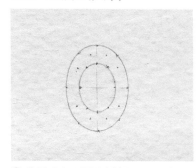

① 先用珠宝尺画两个椭圆形，一大一小。再点出所有需连接的刻面点。

② 擦掉小椭圆，把所有的刻面点用直尺连接。

③ 再用CG1马克笔与黑色马克笔把明暗关系表现出来，注意刻面线不可碰，要清晰。

④ 用天蓝色+树叶绿色水彩罩染一层透明色在整个表面，再用0.1白色针管笔把刚才所有的刻面线用直尺描一遍，最外面的心形也描一圈白。

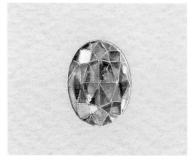

⑤ 然后用白色水粉把高光反光都画出来，并用物体本色盖住一些刻面白线。

⑥ 最后细节调整，适当加入刻面线与各种光。

## 21. 紫色蓝宝石

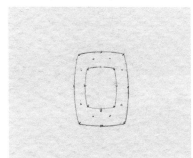

① 先用珠宝尺画两个枕形，一大一小。再点出所有需连接的刻面点。

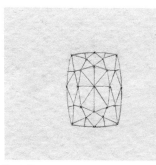

② 擦掉小枕形，把所有的刻面点用直尺连接。

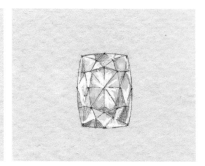

③ 再用高光笔与CG1马克笔把明暗关系表现出来，注意刻面线不可碰，要清晰。

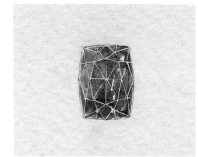

④ 用群青色+深红色水彩罩染一层透明色随即覆盖，预留些小破洞，重勾一遍刻线。

⑤ 然后用白色水粉把高光、反光随机画出来，并用物体本色盖住一些刻面白线。

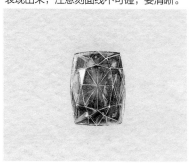

⑥ 最后，在左上、右下的边缘画上白色反光，桌面不动。

## 三、透明蛋面宝石素描示例

　　蛋面宝石分两类：透明的与不透明的。透明的有折射光，光源会穿过宝石；不透明的光源穿不过去，在表面就反射了，所以没有折射光。

　　但他们都有一样的表面反射光，即高光，是最强最白的。所以在画透明宝石的时候，左上角来光，光穿过宝石，右下角则是折射光，画得要比高光稍微暗一些。绘制透明宝石的秘诀在于：暗部和高光的对比。暗部越暗，高光越亮，产生的对比越强，就越通透，越立体。

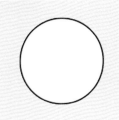   

① 画出宝石线稿。　② 用自动铅笔勾出暗部曲线。　③ 再用纸笔渐变均匀拉开，注意右下角空出一小块透射光。　④ 用MONO橡皮擦出左上角的高光。

椭圆形

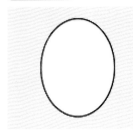   

① 画出宝石线稿。　② 用自动铅笔勾出暗部曲线。　③ 再用纸笔渐变均匀拉开，注意右下角空出一小块透射光。　④ 用MONO橡皮擦出左上角的高光。

马眼形

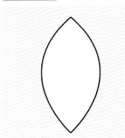  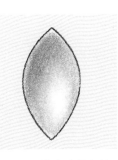 

① 画出宝石线稿。　② 用自动铅笔勾出暗部曲线。　③ 再用纸笔渐变均匀拉开，注意右下角空出一小块透射光。　④ 用MONO橡皮擦出左上角的高光。

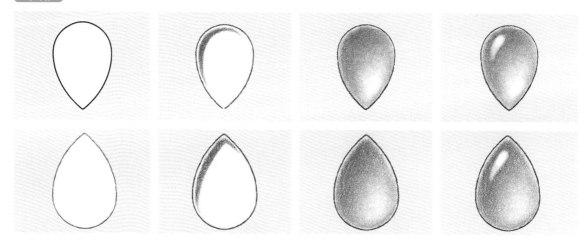

① 画出宝石线稿。　② 用自动铅笔勾出暗部曲线。　③ 再用纸笔渐变均匀拉开，注意右下角空出一小块透射光。　④ 用MONO橡皮擦出左上角的高光。

## 四、透明蛋面宝石上色案例

　　水彩是通透性颜料，适合绘制透明蛋面宝石。水粉是覆盖性颜料，适合绘制不透明蛋面宝石。

　　透明的蛋面宝石，因为通透性强，可以在上色前先用黑白关系把宝石的明暗关系表达出来，再用水彩覆盖。

## 1. 金绿猫眼石

① 在圆线稿里用CG1马克笔、自动铅笔与高光笔把明暗关系表现出来。

② 用深黄色水彩在整个表面罩染一层透明色，两边用熟褐色水彩加深。

③ 洗笔，蘸水晕染渐变。

④ 猫眼石的外圈用水粉白画三条反光，再把猫眼线加上黄色笔芯。

⑤ 渐变猫眼线，最后用白色水彩画高光部分。

## 2. 欧珀

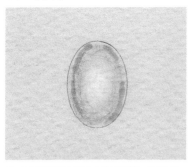

① 在圆线稿里用CG1马克笔、自动铅笔与高光笔把明暗关系表现出来。

② 用普蓝色水彩在整个表面罩染一层透明色。

③ 用高光笔随机在宝石表面点出白点。

④ 在白点的上面又用彩色笔芯随机点颜色。

⑤ 然后洗笔，晕开这些点。

⑥ 最后用水粉白画左上角高光与欧珀四周的反光。

## 3. 石榴石

① 在圆线稿里用自动铅笔与白色粉笔把明暗关系表现出来。

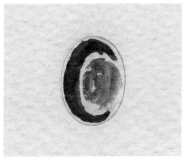

② 把明暗关系用深红色与朱红色水彩画出。

③ 晕染出渐变。

④ 加深补色后，再用深红色+熟褐色水彩作为暗部。

⑤ 用白色水彩画出宝石的反光。

⑥ 最后用白色水粉与高光笔画出宝石的高光部分。

## 4. 托帕石

① 在线稿里用CG1马克笔与白色粉笔把明暗关系表现出来。

② 用天蓝色水彩罩染一层透明色在整个表面。

③ 暗部用群青色加深。

④ 用白色水粉画一层透的高光。

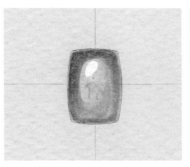

⑤ 用高光笔在高光上点个圆点。

⑥ 最后细节调整，加深暗部与反光。

## 5. 星光红宝石

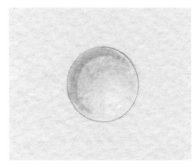

① 在圆线稿里用CG1马克笔与高光笔蘸水把明暗关系表现出来。

② 用深红色水彩在整个表面罩染一层透明色。

③ 用勾线笔＋白色水粉把三条星光画出来。

④ 用水粉白画左上、右下的反光，水彩白画两个随机的高光。

⑤ 加强星光白线，各处细节调整。

## 6. 星光蓝宝石

① 在圆线稿里用CG1马克笔与高光笔蘸水把明暗关系表现出来。

② 在明暗关系里，加上一些粗糙的白点和随机效果。

③ 用普蓝色+群青水彩在整个表面罩染一层透明色。

④ 用勾线笔+白色水粉把三条星光画出来。

⑤ 用水粉白画左上右下的反光，并加强星光白线，再用水彩白画两个随机的高光。

## 7. 月光石

① 在线稿里用CG1马克笔、自动铅笔与高光笔把明暗关系表现出来。

② 把明暗关系用群青、天蓝、朱红、深黄色水彩画出。

③ 晕染出渐变。

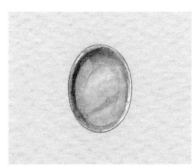
④ 用白色水彩画出高光部分。

⑤ 再用白色水粉画出高光与周围的反光。

## 8. 紫水晶

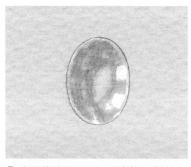  

① 在圆线稿里用CG1马克笔、自动铅笔、高光笔、白色粉笔把明暗关系表现出来。

② 用深红色+群青的混色在整个表面罩染一层透明色。

③ 用混色+熟褐色作为暗部。

④ 用白色水彩画出所有的反光。

⑤ 最后在左上角用水粉白画一条反光。

## 9. 祖母绿

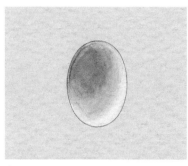 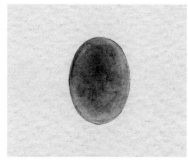 

① 在线稿里用赭石色水彩与高光笔蘸水把明暗关系表现出来。

② 用树叶绿色+铬绿色水彩在整个表面罩染一层透明色。

③ 右下角用树叶绿色水彩+白色水彩画出渐变。

④ 用水粉白在左上、右下画出反光和两条随机的高光。

⑤ 最后在祖母绿表面用水彩白加一些随机的小反光。

# 五、不透明蛋面宝石素描示例

不透明宝石的光源方向也是从左上角来的，但是没有折射光，光在宝石表面就反射出去了。所以绘制宝石时，只要在高光处慢慢渐变开来，从亮到暗就可以了。

圆形

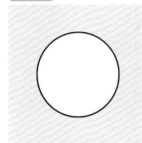   

① 画出宝石线稿。　② 用自动铅笔勾出暗部曲线。　③ 再用纸笔渐变均匀拉开，注意右下边角留出一条反光，左上靠中间位置留出一块高光。　④ 重复上一步，宝石整体加深。

椭圆形

① 画出宝石线稿。　② 用自动铅笔勾出暗部曲线。　③ 再用纸笔渐变均匀拉开，注意右下边角留出一条反光，左上靠中间位置留出一块高光。　④ 重复上一步，宝石整体加深。

马眼形

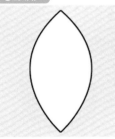   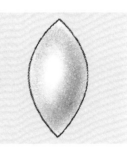

① 画出宝石线稿。　② 用自动铅笔勾出暗部曲线。　③ 再用纸笔渐变均匀拉开，注意右下边角留出一条反光，左上靠中间位置留出一块高光。　④ 重复上一步，宝石整体加深。

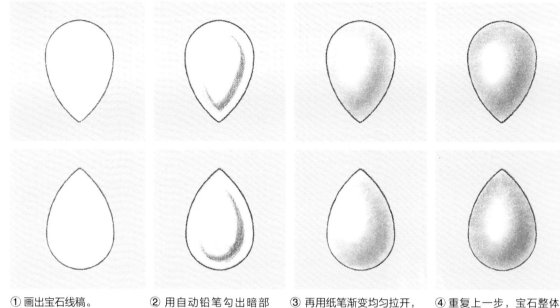

① 画出宝石线稿。　② 用自动铅笔勾出暗部曲线。　③ 再用纸笔渐变均匀拉开，注意右下边角留出一条反光，左上靠中间位置留出一块高光。　④ 重复上一步，宝石整体加深。

## 六、不透明蛋面宝石上色案例

　　不透明蛋面宝石一点都不通透，所以可用水粉覆盖去画，效果更佳。但这里还是用了水彩，所以在上色前加了一层明暗关系。两者最终效果是差不多的，但是相比水粉，水彩的效果会更通透一些。

### 1. 红珊瑚

① 先用白色粉笔与自动铅笔把明暗关系表现出来。　② 再用朱红色水彩罩染整个宝石。　③ 用白色水粉画一些高光，用深红色水彩在暗部加深。　④ 最后整体明暗加深，用白色水彩做周围的反光。

## 2. 绿松石

① 在圆线稿里用CG1马克笔与白色粉笔把明暗关系表现出来。

② 在整个表面用天蓝色水彩罩染一层不透明色。

③ 左上角用白色水彩晕开，右下角用群青色做暗部晕染。

④ 最后用白色水粉、高光笔在高光部位和绿松石的边缘提亮。

## 3. 珍珠

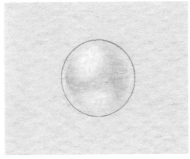 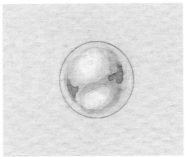 

① 在圆的线稿里用自动铅笔与白色粉笔把明暗关系表现出来。

② 把明暗关系用天蓝、柠檬黄、深红色与群青色的混色画出。

③ 晕染出渐变。

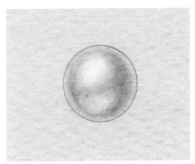

④ 用白水粉提亮，周围反光加上一点朱红环境色。

⑤ 整体明暗关系调节。

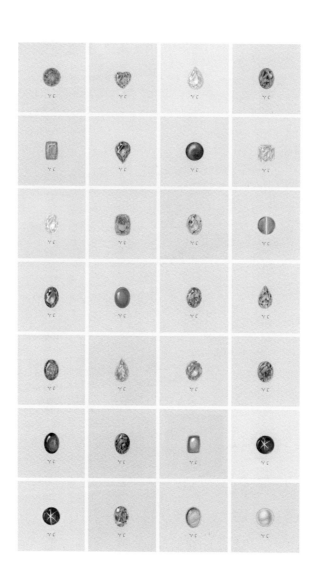

# 第三章

# 金属质感刻画

　　无论是宝石还是金属的设计图，所有效果图上的光源都是从左上角照射下来的。金属形态可分为四大类：平片、平弧片、凹片、凸片。

　　每种形态的金属和宝石一样也分为：亮部、暗部、反光。亮部是光照到最亮的部分，暗部是光照不到的部分，反光一般是挨着暗部，靠近边缘的部分。

　　如果这四种形态的金属掌握了，所有的金属你都能设计。

前文介绍水粉适合画覆盖性不透明的蛋面宝石，同样，它也可用于金属厚涂，金属也属于不透明的。

下面黑白图均为教学示范，请忽略个别图的透视真实性。

# 一、金属平片素描示例

光从左上角来，金属平片因此从左上角亮部渐变到右下角暗部，由于金属片侧面是有厚度的，所以现实里靠近金属平片的边缘都会出现黑白线，这是暗部和反光。

我们统一在右下角边缘画出一条平行的暗部线，实物效果可参考做饭的菜刀。

**方平片**

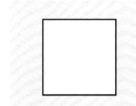 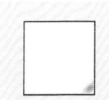  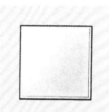

① 画出金属线稿。　② 用自动铅笔勾出暗部直线。　③ 再用纸笔均匀拉出渐变，注意右下角空出一点反光。　④ 用尺沿右下角边缘，画出一条平行的暗部线。

**圆平片**

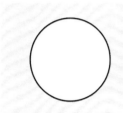 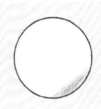  

① 画出金属线稿。　② 用自动铅笔勾出暗部直线。　③ 再用纸笔均匀拉出渐变，注意右下角空出一点反光。　④ 用尺沿右下角边缘，画出一条平行的暗部线。

**三角平片**

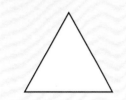   

① 画出金属线稿。　② 用自动铅笔勾出暗部直线。　③ 再用纸笔均匀拉出渐变，注意右下角空出一点反光。　④ 用尺沿右下角边缘，画出一条平行的暗部线。

## 缺角圆平片一

① 画出金属线稿。

② 用自动铅笔勾出暗部直线。

③ 再用纸笔均匀拉出渐变，注意右下角空出一点反光。

④ 用尺沿右下角边缘，画出一条平行的暗部线。

## 缺角圆平片二

① 画出金属线稿。

② 用自动铅笔勾出暗部直线。

③ 再用纸笔均匀拉出渐变，注意右下角空出一点反光。

④ 用尺沿右下角边缘，画出两条平行的暗部线。

## 缺角圆平片三

① 画出金属线稿。

② 用自动铅笔勾出暗部直线。

③ 再用纸笔均匀拉出渐变，注意右下角空出一点反光。

④ 用尺沿右下角边缘，画出一条平行的暗部线。

## 镂空方平片

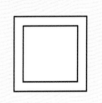

① 画出金属线稿。

② 用自动铅笔勾出3块暗部点。

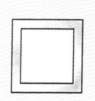

③ 再用纸笔均匀拉出渐变，注意3块暗部是等比例分开的。

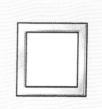

④ 用尺沿右下角边缘，画出两条平行的暗部线。

## 镂空圆平片

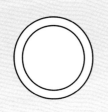

① 画出金属线稿。

② 用自动铅笔勾出3块暗部点。

③ 再用纸笔均匀拉出渐变，注意3块暗部是等比例分开的。

④ 用尺沿右下角边缘，画出一条平行的暗部线。

## 镂空三角平片

① 画出金属线稿。

② 用自动铅笔勾出3块暗部点。

③ 再用纸笔均匀拉出渐变，注意3块暗部是等比例分开的。

④ 用尺沿右下角边缘，画出两条平行的暗部线。

## 镂空异形平片一

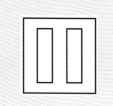

① 画出金属线稿。

② 用自动铅笔勾出暗部直线。

③ 再用纸笔均匀拉出渐变，注意右下角空出一点反光。

④ 用尺沿右下角边缘，画出三条平行的暗部线。

## 镂空异形平片二

① 画出金属线稿。

② 用自动铅笔勾出暗部直线。

③ 再用纸笔均匀拉出渐变，注意右下角空出一点反光。

④ 用尺沿右下角边缘，画出三条平行的暗部线。

① 画出金属线稿。

② 用自动铅笔勾出暗部直线。

③ 再用纸笔均匀拉出渐变，注意右下角空出一点反光。

④ 用尺沿右下角边缘，画出四条平行的暗部线。

## 长方平片

① 画出金属线稿。

② 用自动铅笔勾出暗部直线。

③ 再用纸笔均匀拉出渐变，注意右下角空出一点反光。

④ 用尺沿右下角边缘，画出一条平行的暗部线。

## 长条平片

① 画出金属线稿。

② 用自动铅笔勾出暗部直线。

③ 再用纸笔均匀拉出渐变，注意右下角空出一点反光。

④ 用尺沿右下角边缘，画出两条平行的暗部线。

## 异形平片

① 画出金属线稿。

② 用自动铅笔勾出暗部直线。

③ 再用纸笔均匀拉出渐变，注意右下角空出一点反光。

④ 用尺沿右下角边缘，画出三条平行的暗部线。

## 二、写实金属平片设计上色案例

这个设计里有黄金平片和黑玛瑙平片，只要是平片，无论是什么材质，都是从左上角亮部渐变到右下角暗部，只要它的素描关系不变，就可以在这个基础上自由发挥，如：加几条高光、在反光处加一些环境色等。

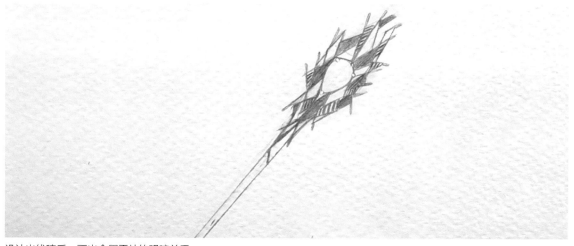

设计出线稿后，画出金属平片的明暗关系。

用深黄色水彩涂在金属部位。

用佩恩灰水彩涂在黑玛瑙部位。

用高光笔把方钻勾出来。

用深黄色水彩加一点黄色在钻石上，作为环境色。

用白水粉画出金属的高光部分。

用佩恩灰色水彩把金属的暗部和边缘线勾出来。

再次深黄水彩覆盖金属色。

用熟褐色水彩作为暗部，画出渐变。

用白水粉画出高光渐变。

调整金属片均匀渐变，整体平整。

用白水粉把黑玛瑙的高光勾出来。

颜料干后渐变会变浅或消失，此时再次勾出黑玛瑙高光，调整金属片均匀渐变。

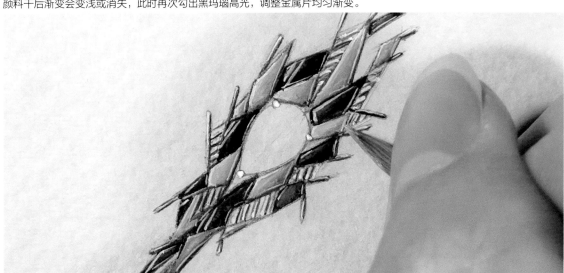

用白水粉加上反光的细线。

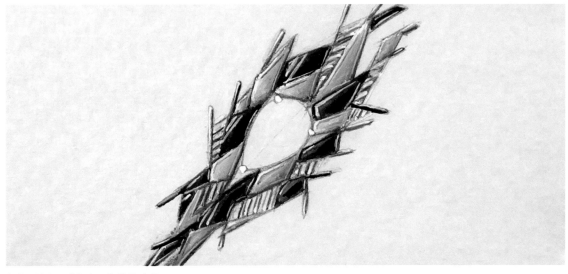

在金属片上用熟褐色画细线的暗部。

最后金属片整体加白。

绘制完成后，可把主石放在设计口，试看整体效果。

最终完成图加上主石效果。

## 三、金属平弧片素描示例

金属平弧片简单来说就是：中间亮、两边暗。我们可以拿一张A4纸尝试一下两边向下弯曲，会看到纸张成为平弧片，光照射下来，中间是较亮的，两边较暗。

但是由于纸张表面粗糙，不是金属的亮面，所以没有金属质感的反光，也就没有和金属一样的暗部。我们在纸张上是看不到很黑的暗部的。暗部一般是相反于光的，光源左上方来，暗部就是右下方，我们素描关系里所有的弧片暗部都在右下方，反光是挨着暗部的，可参考铁制的筷子。

### 方平弧片一

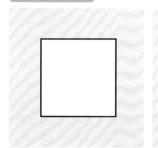 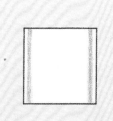  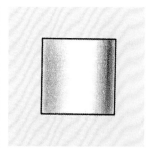

① 画出金属线稿。　② 用自动铅笔勾出暗部直线。　③ 再用纸笔均匀拉开渐变。　④ 加深暗部，注意右侧空出一条反光。

### 方平弧片二

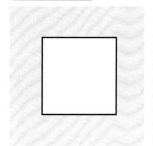 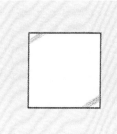  

① 画出金属线稿。　② 用自动铅笔勾出暗部直线。　③ 再用纸笔均匀拉开渐变。　④ 加深右侧暗部，并空出一条反光。

### 圆平弧片

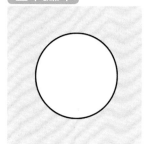 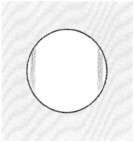  

① 画出金属线稿。　② 用自动铅笔勾出暗部直线。　③ 再用纸笔均匀拉开渐变。　④ 加深暗部，注意右侧空出一条反光。

① 画出金属线稿。

② 用自动铅笔勾出暗部直线。

③ 再用纸笔均匀拉开渐变。

④ 加深右侧暗部，并空出一条反光。

圆锥（顶视）

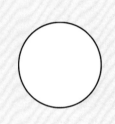

① 画出金属线稿。

② 用自动铅笔勾出暗部直线。

③ 再用纸笔均匀拉开渐变。

④ 加深右侧暗部，并空出一条反光。

圆锥（正视）

① 画出金属线稿。

② 用自动铅笔勾出暗部直线。

③ 再用纸笔均匀拉开渐变。

④ 加深右侧暗部，并空出一条反光。

镂空方平弧片

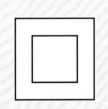

① 画出金属线稿。

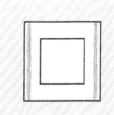

② 用自动铅笔勾出暗部直线。

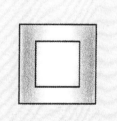

③ 再用纸笔均匀拉开渐变。

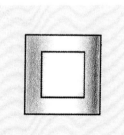

④ 加深右侧暗部，并空出一条反光。

## 镂空圆平弧片

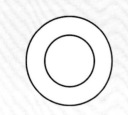 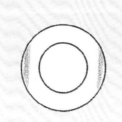  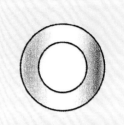

① 画出金属线稿。　② 用自动铅笔勾出暗部直线。　③ 再用纸笔均匀拉开渐变。　④ 加深右侧暗部，并空出一条反光。

## 镂空三角平弧片

① 画出金属线稿。　② 用自动铅笔勾出暗部直线。　③ 再用纸笔均匀拉开渐变。　④ 加深右侧暗部，并空出一条反光。

## 方平弧凹片

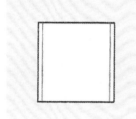   

① 画出金属线稿。　② 用自动铅笔勾出暗部直线。　③ 再用纸笔均匀拉开渐变。　④ 加深左侧暗部，并空出一条反光。

## 圆平弧凹片

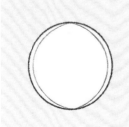   

① 画出金属线稿。　② 用自动铅笔勾出暗部直线。　③ 再用纸笔均匀拉开渐变。　④ 加深左侧暗部，并空出一条反光。

## 三角平弧凹片

① 画出金属线稿。

② 用自动铅笔勾出暗部直线。

③ 再用纸笔均匀拉开渐变。

④ 加深左侧暗部，并空出一条反光。

## 异形平弧片一

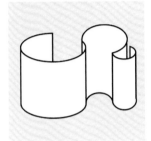

① 画出金属线稿。

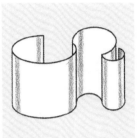

② 用自动铅笔勾出所有暗部直线。

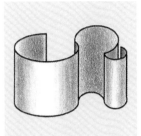

③ 再用纸笔均匀拉开渐变。

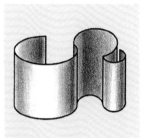

④ 加深所有暗部，并空出多条反光。

## 异形平弧片二

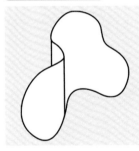

① 画出金属线稿。

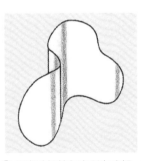

② 用自动铅笔勾出所有暗部直线。

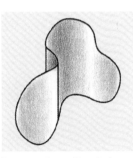

③ 再用纸笔均匀拉开渐变。

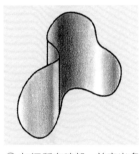

④ 加深所有暗部，并空出多条反光。

## 异形平弧片三

① 画出金属线稿。

② 用自动铅笔勾出所有暗部直线。

③ 再用纸笔均匀拉开渐变。

④ 加深所有暗部，并空出多条反光。

## 四、写实金属平弧片设计上色案例

平弧片上色相对较难，我们要考虑到金属颜色以及它们互相之间的反光影响。在真实环境里，反光无处不在，发光物体从四面八方来，而不单单是从左上角。

如果反光靠近的是金属，那么反光呈橙色，因为这是金属的环境色。如果靠近的是黑色的物体，反光变暗，临近的暗部要加深。

设计出线稿，画出金属平弧片的明暗关系后，用深黄色水彩涂金属底部。

涂满黄金后，用佩恩灰色水彩把金属缝隙加深。

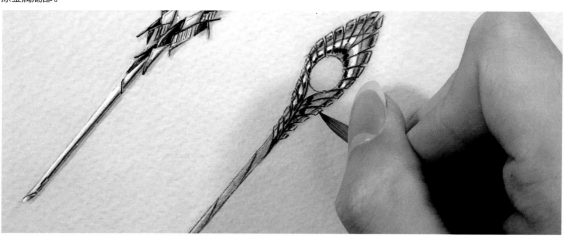

用水粉白+熟褐色水彩分别涂在亮部和暗部。

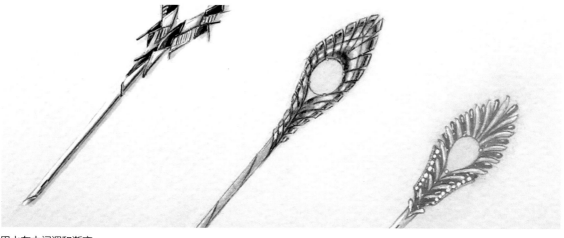

用水在中间调和渐变。

用白色水粉再加上金属反光。

现在颜色不够干净，在金属上再盖一层深黄水彩，明确色相。

再在亮部加白水粉，做出渐变，点缀内部的反光。

用朱红色水彩加在反光处。

整体渐变，加深黑色线条，黑色线条当作珐琅材质处理。

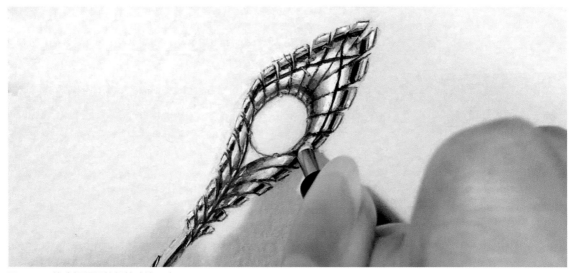

用MONO橡皮把周围的铅笔稿擦干净。

在黑色珐琅内部靠近右下角处，用水粉白线加上反光。

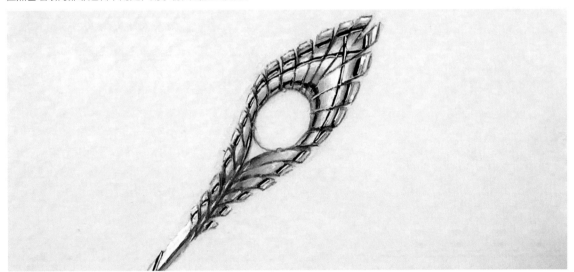

在金属亮部加白水粉，做渐变，并加上金属暗部黑线。

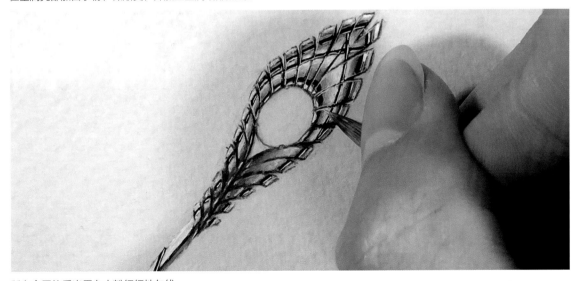

所有金属的反光用白水粉细细地勾线。

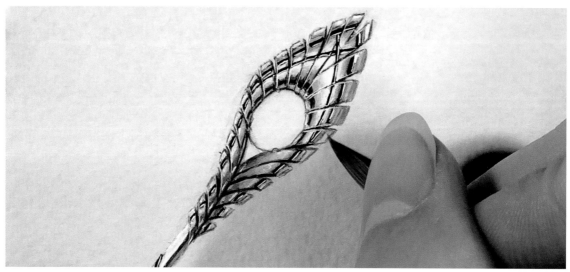

整体观察调整，因为设计的时候有些窄，右边线稿加宽。

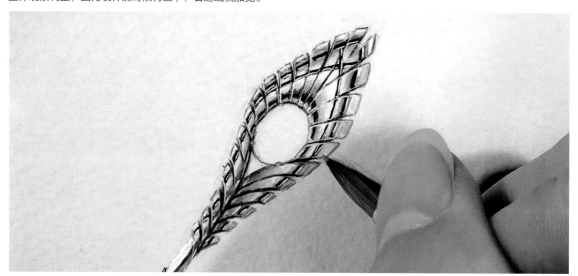

在加宽的部分涂上金属的明暗。

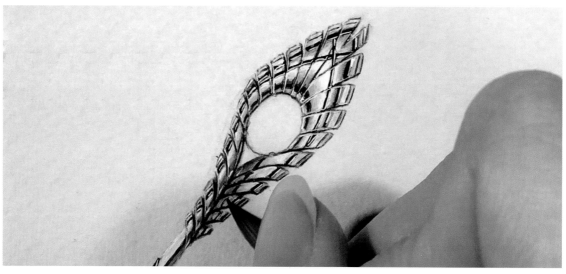

将金属周围的暗部黑线加上。

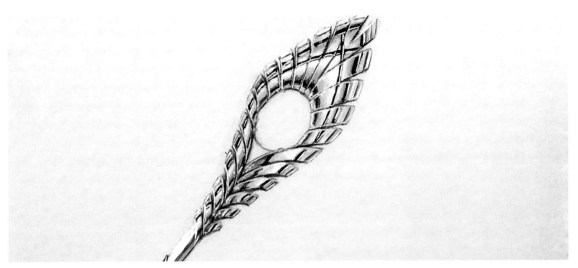

用小白点点缀反光处。

把主石放在设计口，试看效果。

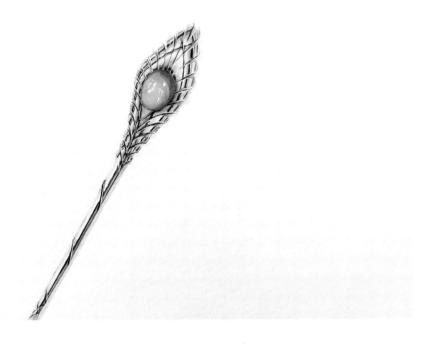

完成图。

## 五、金属凹凸片素描示例

凸片和弧片的关系很相似，可以这样理解区分，弧片只有两边是暗的，凸片则是一圈暗的。但它们亮部、暗部反光的原理是不变的。实物效果可参考喝汤用的铁勺。

**方凸片**

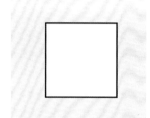
① 画出金属线稿。

② 用自动铅笔勾出暗部直线。

③ 再用纸笔均匀拉开渐变，注意四周空出一点反光。

④ 加深右下角暗部，并空出一条反光。

**圆凸片**

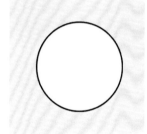
① 画出金属线稿。

② 用自动铅笔勾出暗部直线。

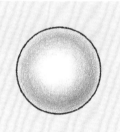
③ 再用纸笔均匀拉开渐变，注意四周空出一点反光。

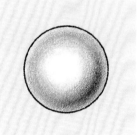
④ 加深右下角暗部，并空出一条反光。

**三角凸片**

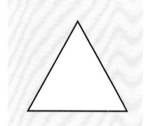
① 画出金属线稿。

② 用自动铅笔勾出暗部直线。

③ 再用纸笔均匀拉开渐变，注意四周空出一点反光。

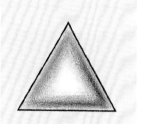
④ 加深右下角暗部，并空出一条反光。

## 缺角方凸片

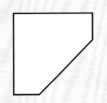

① 画出金属线稿。

② 用自动铅笔勾出暗部直线。

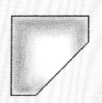

③ 再用纸笔均匀拉开渐变，注意四周空出一点反光。

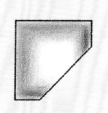

④ 步骤同方凸片一样，只是右下角被切掉了一块。

## 镂空圆凸片

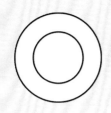

① 画出金属线稿。

② 用自动铅笔勾出暗部直线。

③ 再用纸笔均匀拉开渐变，注意四周空出一点反光。

④ 加深右下角暗部，并空出一条反光。

## 三角异形凸片

① 画出金属线稿。

② 用自动铅笔勾出暗部直线。

③ 再用纸笔均匀拉开渐变，注意四周空出一点反光。

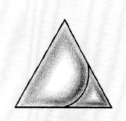

④ 加深右下角暗部，并空出两条反光。

## 方凹片

① 画出金属线稿。

② 用自动铅笔勾出暗部直线。

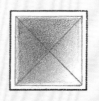

③ 再用纸笔均匀拉开渐变，注意四周空出一点反光。

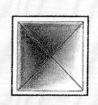

④ 加深左上角暗部，并空出一条反光。

## 圆凹片

① 画出金属线稿。

② 用自动铅笔勾出暗部直线。

③ 再用纸笔均匀拉开渐变，注意四周空出一点反光。

④ 加深左上角暗部，并空出一条反光。

## 三角凹片

   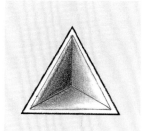

① 画出金属线稿。

② 用自动铅笔勾出暗部直线。

③ 再用纸笔均匀拉开渐变，注意四周空出一点反光。

④ 加深左上角暗部，并空出一条反光。

## 缺角方凹片

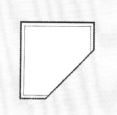 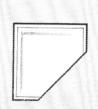 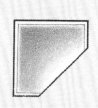 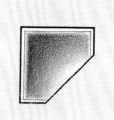

① 画出金属线稿。

② 用自动铅笔勾出暗部直线。

③ 再用纸笔均匀拉开渐变，注意四周空出一点反光。

④ 加深左上角暗部，并空出一条反光。

## 镂空圆凹片

 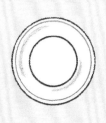  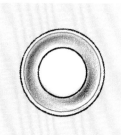

① 画出金属线稿。

② 用自动铅笔勾出暗部直线。

③ 再用纸笔均匀拉开渐变，注意四周空出一点反光。

④ 加深左上角暗部，并空出两条反光。

## 三角异形凹片

① 画出金属线稿。

② 用自动铅笔勾出暗部的线。

③ 再用纸笔均匀拉开渐变，注意四周空出一点反光。

④ 加深左上角暗部，并空出两条反光。

## 异形凹凸片一

① 画出金属线稿。

② 用自动铅笔勾出所有暗部的线。

③ 再用纸笔均匀拉开渐变，注意四周空出一点反光。

④ 加深凸片右下角暗部，凹片左上角暗部，并空出多条反光。

## 异形凹凸片二

① 画出金属线稿。

② 用自动铅笔勾出所有暗部的线。

③ 再用纸笔均匀拉开渐变，注意四周空出一点反光。

④ 加深凸片右下角暗部，凹片左上角暗部，并空出多条反光。

## 异形凹凸片三

① 画出金属线稿。

② 用自动铅笔勾出所有暗部的线。

③ 再用纸笔均匀拉开渐变，注意四周空出一点反光。

④ 加深左上角所有暗部，并空出多条反光。

# 六、写实金属凸片设计上色案例

　　现实当中凸片不单单是规则形状的，也有被拉长变形的凸片，但绘制原理是一样的。由于金属的表面被拉长，亮部暗部反光都随之拉长。在解决每一小块金属关系后，千万不要忘记整体的明暗关系，最亮的部分要区域性加亮，最暗的部分要区域性加暗，整体调节是完成绘图前必要的步骤。

设计出线稿后，画出金属凹凸片的明暗关系。

用深黄色+佩恩灰色水彩涂在黄金与黑金的底部。

白水粉+熟褐色做金属的明暗关系。

在金属暗部加上黑线。

金属凸片也加上暗部。

将钻石的金属边加黑。

用针管笔点出小白点做露珠边缘。

用白水粉加上黄金的反光。

反光同样加在黑金上。

高光处再次加白，使之立体。

暗部处再次加深。

用朱红色水彩加在所有反光处，做环境色。

用高光笔点小圆点在最高的凸片上，并点出小钻石。

再次用高光笔把钻石点出桌面。

用CG1马克笔画影子。

影子靠近金属的地方再次加深。

把主石放在设计口试看效果。

完成图。

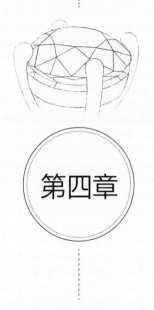

# 第四章

# 金属镶嵌工艺

　　最常见的镶嵌工艺一般分为：爪镶、钉镶、密钉镶、卡镶、无边镶、包镶六种。

　　爪镶常见于婚戒，常见有4爪和6爪镶嵌钻石；钻戒臂上镶嵌一排排小钻石的工艺是钉镶；同样多几排钻石的就是密钉镶；卡镶也常见于婚戒，它是靠金属臂卡着钻石的，看不到爪子；无边镶常用于高级珠宝，是靠石头与石头之间切割的缝隙相互卡住的，没有金属；包镶是最稳固的，是一圈金属围着石头的镶嵌工艺。

# 一、爪镶

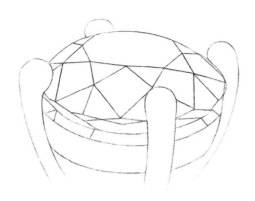

爪镶是最常见的镶嵌方式，一般有三爪、四爪、六爪。爪子随着设计的不同也有大小、圆方外形的区别。结婚的钻戒基本都是爪镶的。

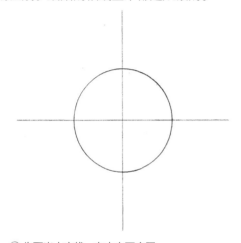

① 先画出十字线，在中心画个圆。

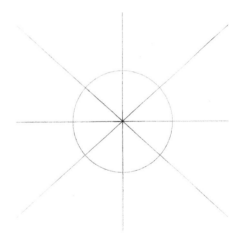

② 标记两条45°对角线。

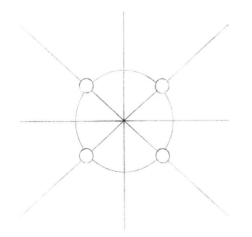

③ 在对角线与圆的交错点上画四个圆爪。

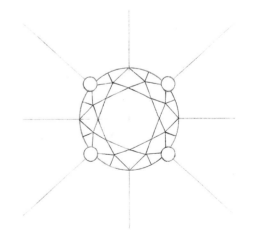

④ 擦掉辅助线，完成宝石刻面线。

# 二、钉镶

　　钉镶也可称为铲边镶，是一块金属铲出两条边，用菠萝头开孔后，再用起钉工具起出小爪子，用来镶嵌宝石。钉镶是将小宝石镶嵌为一排的。

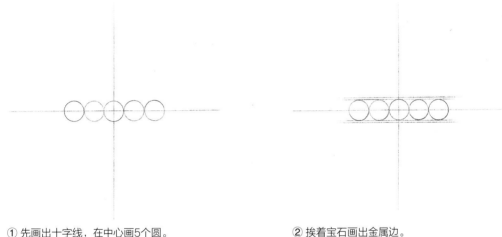

① 先画出十字线，在中心画5个圆。　　　　　　② 挨着宝石画出金属边。

③ 擦掉辅助线，完成宝石刻面线。　　　　　　④ 填满宝石间的小爪。

# 三、密钉镶

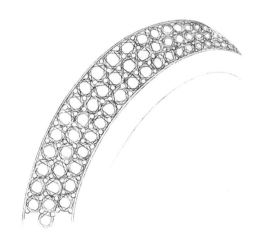

　　密钉镶也可称为群镶，就是密密麻麻的一群小钻石。但一排的不能叫密钉镶，两排以上的基本能称为密钉镶。

① 先画出十字线，在中心画一堆小圆。　　　　② 挨着宝石画出金属边。

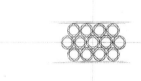

③ 完成宝石刻面线。　　　　④ 擦掉辅助线，填满宝石间的小爪。

# 四、卡镶

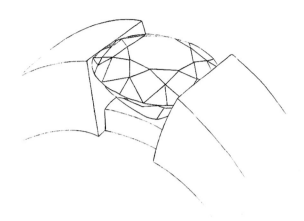

　　卡镶，是一种很美的镶嵌方式，它通过两边金属臂的凹槽来夹住石头，也可称为夹镶。石头基本不会被金属遮挡，但这种镶嵌方式也是容易掉石头的一种，如果受到猛烈的撞击，金属镶嵌处移了位，石头容易脱落。

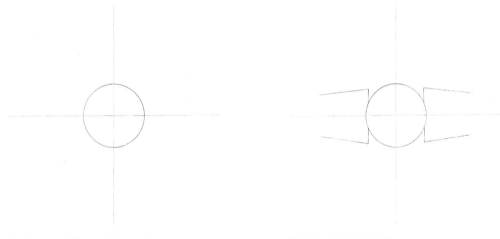

① 先画出十字线，在中心画个圆。　　　　　　　② 挨着宝石画出金属边。

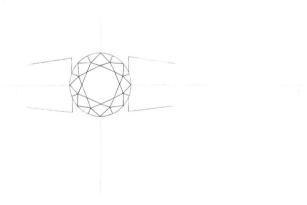

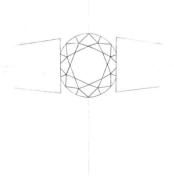

③ 擦掉辅助线，完成宝石刻面线。　　　　　　　④ 还原镶嵌盖在宝石表面的金属。

# 五、无边镶

　　无边镶是工艺较高的镶嵌方式，因为它需要非常严谨的切割，通过宝石与宝石之间的卡槽来代替金属的镶嵌。所以每一颗宝石的大小与位置，是不能更换的，因为每一颗宝石都是特定的，都不一样。因为硬度特性的限制，刚玉类宝石用此镶嵌较多。在一件珠宝里，金属呈现的越少、宝石露出的越多，越是高级，但无边镶比卡镶还容易发生脱落，一旦脱落一颗，很难匹配和修补。

① 先画出十字线。　　　　　　　　　　　　② 在中心画一堆小方块。

③ 挨着宝石画出金属边。　　　　　　　　　　④ 擦掉辅助线，完成宝石刻面线。

# 六、包镶

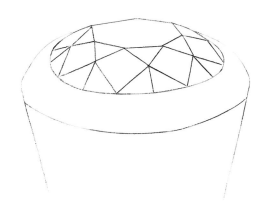

　　包镶是最稳固的镶嵌方式，这是它最大的优点。包镶是用金属包住宝石的一圈，来达到镶嵌的目的，但是这样会使宝石看起来比实际小。

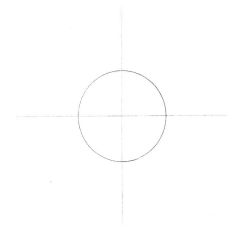

① 先画出十字线，在中心画个圆。

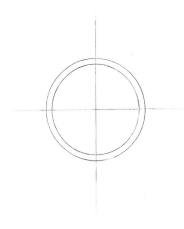

② 挨着宝石画出金属边。

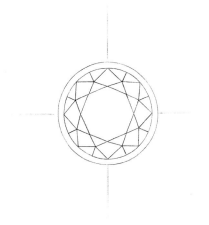

③ 擦掉辅助线，完成宝石刻面线。

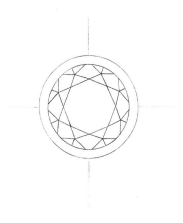

④ 还原镶嵌盖在宝石表面的金属。

# 一、Cindy Chao的花镯

① 在TRIA DESIGN珠宝设计专用纸上，用铅笔画好线稿。

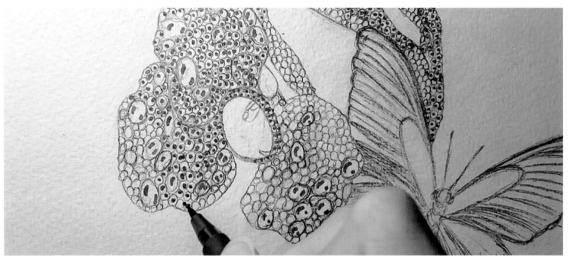

② 用CG5马克笔点出所有钻石的暗部。

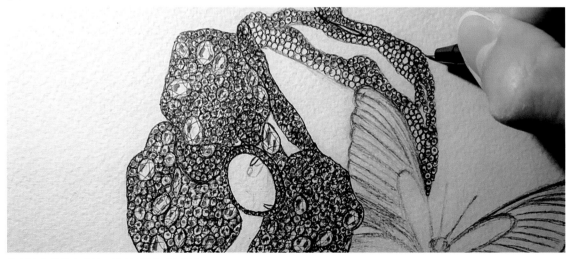

③ 黑色勾线笔勾出钻石的刻面线和金属边缘。

④ 树叶绿色+黑色马克笔给蝴蝶铺底色。

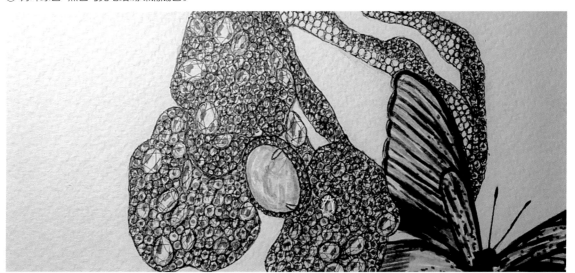

⑤ 树叶绿色马克笔画出主石祖母绿的明暗关系。

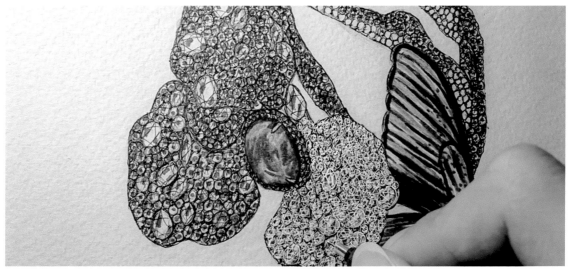

⑥ 用白色针管笔画出钻石的刻面线，深绿色马克笔加深祖母绿暗部。

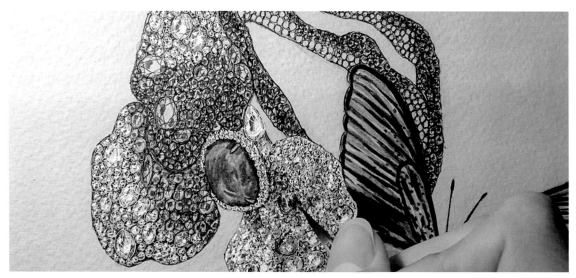

⑦ 佩恩灰+群青+朱红色水彩加大量水后，轻轻罩染钻石的暗部。

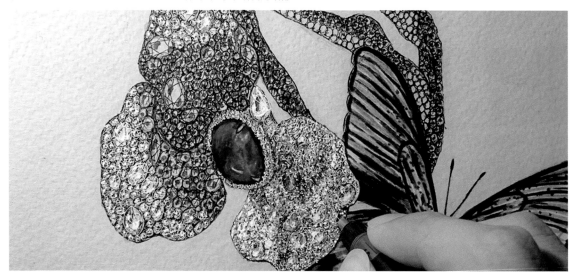

⑧ 白色针管笔大面积点缀钻石小星光。

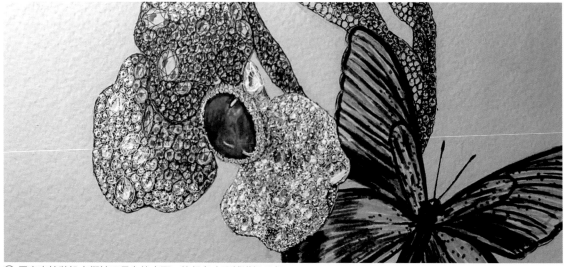

⑨ 用高光笔随机点缀钻石最白的桌面，铬绿色水彩铺满祖母绿。

⑩ 用佩恩灰色水彩渐变祖母绿的暗部。

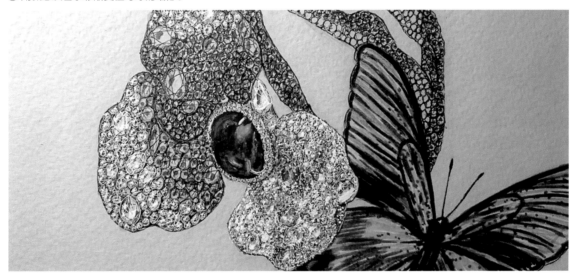

⑪ 用白色水粉画出祖母绿的内部折射光。

⑫ 再点出祖母绿的高光与来自周围钻石反光的小白点。

⑬ 用相同的方法绘制局部剩余的钻石。

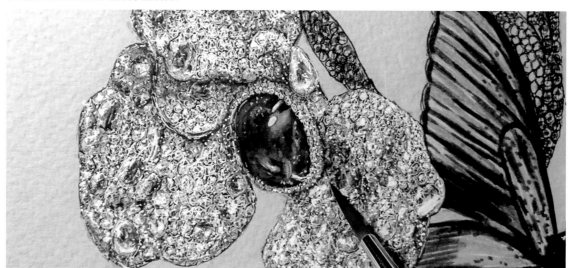

⑭ 用一点群青色+深红色+铬绿色水彩加深钻石的暗部和钻石的环境色。

⑮ 白色水粉画出蝴蝶翅膀拉丝的线条。

⑯ 白色针管笔点出蝴蝶翅膀上的小白点。

⑰ 再勾画出小宝石的刻面线与高光。

⑱ 用树叶绿+铬绿色水彩随机罩染小宝石。

⑲ 铬绿+熟褐色水彩渐变画出阴影，注意水彩留下的水渍，可有可无。

⑳ 整体细节、颜色、阴影调整。

## 二、翡翠螭吻

① 在TRIA DESIGN珠宝设计专用纸上画完线稿后，用CG1马克笔和高光笔表达它的明暗关系。

② 用高光笔提亮翡翠的亮部，用佩恩灰水彩加深翡翠的暗部。

③ 用铬绿和柠檬黄色马克笔给翡翠铺底。

④ 再铺上对应颜色的水彩罩染整个翡翠。

⑤ 用熟褐色水彩作为翡翠的暗部，刻画螭吻身上的鳞片。

⑥ 细节刻画完后，翡翠周围整体加深。

⑦ 用相同暗部的色去刻画螭吻的局部细节。

⑧ 用铬绿加一点天蓝色水彩整体罩染翡翠螭吻。

⑨ 白色针管笔和白水粉细节刻画翡翠的亮部和反光。

⑩ 用MONO橡皮擦除边缘的铅笔线稿。

⑪ 用高光笔再次加白整体的亮部与反光。

⑫ 白色针管笔点缀反光小白点。

⑬ 用黑色勾线笔勾出翡翠部分的边缘线。

⑭ 再用白水粉在高光亮处做出渐变。

⑮ 用铬绿色水彩细细地刻画翡翠内部的细节。

⑯ 整体细节、颜色、阴影调整。

# 三、黄色蓝宝石戒指

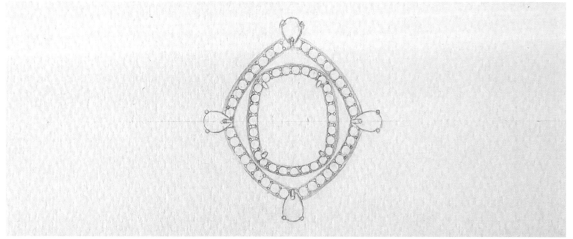

① 在TRIA DESIGN珠宝设计专用纸上，用铅笔画好线稿。

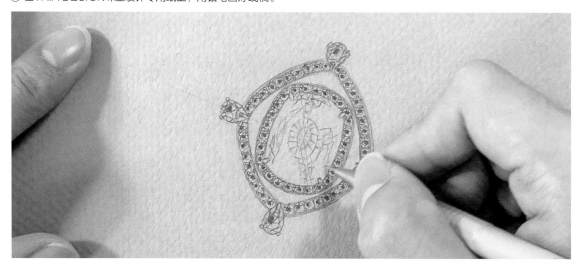

② 用CG5马克笔点出钻石的暗部。

③ 用铅笔勾出黄色蓝宝石复杂的切割面。

④ 用高光笔铺白瓷的底色，再勾出所有石头的刻面线。

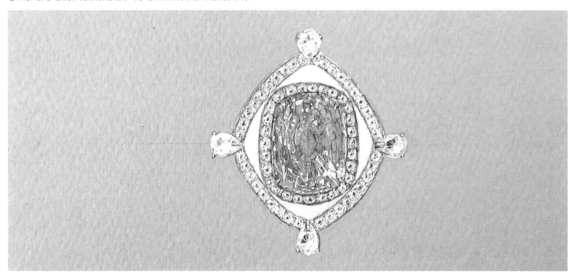

⑤ 用金粉笔芯加在金属边与爪子上，用深黄色水彩透透罩染一层黄色蓝宝石。

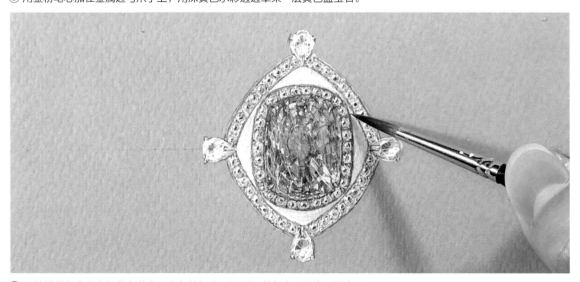

⑥ 用柠檬黄色水彩点缀黄色蓝宝石内部的闪光，再用深黄色水彩罩染一层宝石。

⑦ 用白色水粉细细地勾出黄色蓝宝石所有刻面线，表面高光加白，白瓷加黄。

⑧ 用深黄+赭石色水彩渐变画出整个戒指的阴影。

⑨ 调整阴影与钻石的环境色。

⑩ 左下角用白水粉整体提亮，这里真实的光源是从左下角来的。

⑪ 用深黄色+赭石色水彩加深宝石的暗部，注意不能破坏刻面线。

⑫ 用白水粉提亮所有宝石的亮部与反光。

⑬ 用白色水粉在最亮处画一个十字大星光。

⑭ 在其余部分分别加上大大小小的星光，星光线可拉长。

⑮ 整体细节、颜色、阴影调整。

① 用硫酸纸复刻好线稿后，硫酸纸不要撕掉，掀开一边。

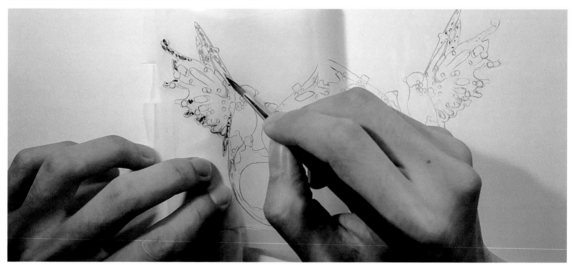

② 将普蓝色水彩涂在硫酸纸鸟翅膀部分上。

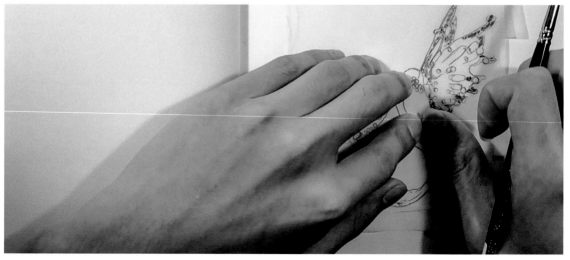

③ 贴印到右边。

④ 通过纸印的自然痕迹来代替戒指的底色。

⑤ 相同步骤，用深红+深黄色水彩贴印到右边。

⑥ 因为水多，颜色较淡，需再次加深，重复贴印步骤。

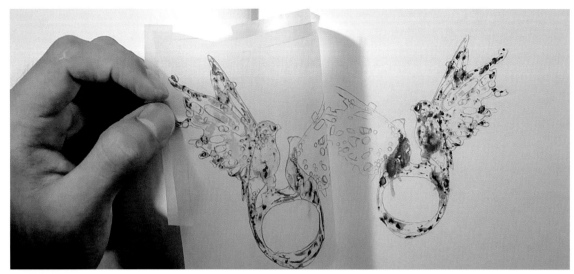

⑦ 打开观察细节，如有水流痕迹，更为自然。

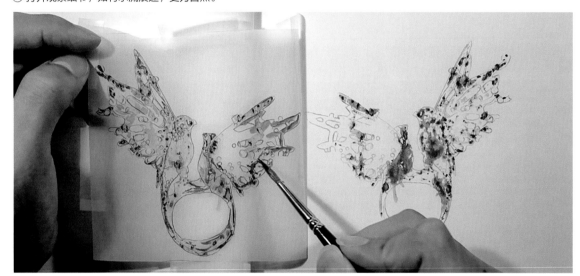

⑧ 添加更多翅膀细节，有块有面，有点有线。

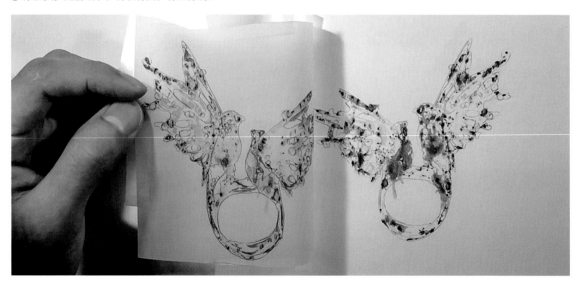

⑨ 这时候纸张的颜色需要比硫酸纸上的深。

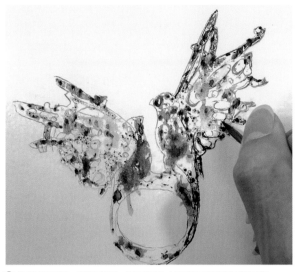 

⑩ 撕掉硫酸纸，用普蓝色+佩恩灰色水彩刻画翅膀边缘细节。

⑪ 将边缘线加深，高光处留白，表现金属质感。

⑫ 用普蓝+佩恩灰色水彩把钻石的边缘线画出来。

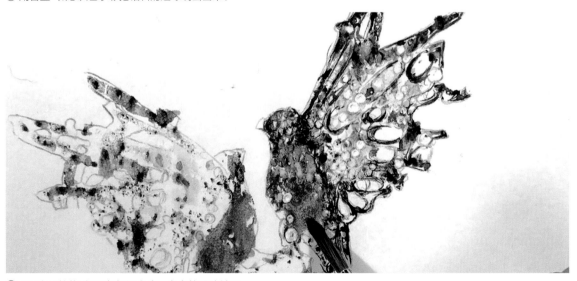

⑬ 用深红+普蓝+佩恩灰加深鸟头、鸟身的明暗关系。

⑭ 再用高光笔和白水粉把钻石具象化。

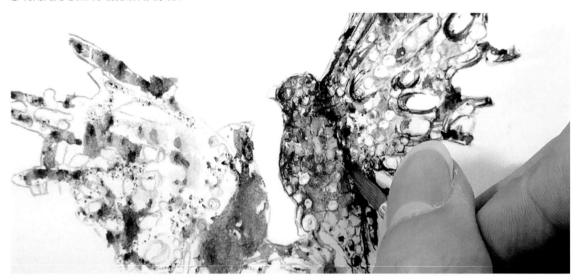

⑮ 体现整体的线条感和通透感。

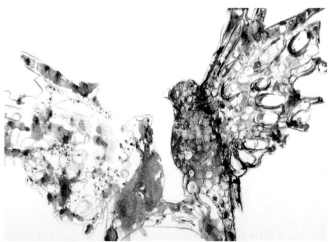

⑯ 整体的暗部再加一些深色块，左边的鸟不动，这样可体现
左右的对比。

⑰ 整体细节、颜色、阴影调整。

# 第六章

## 设计与原创技巧

    原创设计有三个技巧要点：提取元素、寻找规律、重新组合。

    大自然是天然的元素库，大自然也有天然的规律，世间万物组合得如此奇妙，只要认真观察大自然，稍微借鉴一下它的元素规律，设计其实并不难。比如叶子、花瓣、树，它们生长的规律都是从一个中心往外散发的，叶片的规律有：重复、大小、叠加、方向、渐变、对称。

    大自然的组合一定是自然美的，它能够提供我们现成的元素和规律，但接下来要如何去组合呢？重组是最困难的，要考虑的点很多，比如：比例、线条、美感、功能、价值等。当我们克服了这些，创造出了美的东西，我们会发现，仅仅是感观美是不够的，我们创作的作品需要在感观之上进行精炼，跳出模仿或对自然的照搬，让美更美一些，这也是我们需要设计的原因。

这里举一个从提取元素到完成作品的设计全过程的案例。

# 一、提取元素

在生活里发现喜欢的元素，可以拍照收藏，用作设计素材。

去迪士尼乐园时，我在爱丽丝梦游仙境的花园里发现了一匹可爱的马鹿，它身上的铠甲非常有意思，于是将这一元素保留，作为储备。

① 铠甲的设计素材原物。

② 提取元素，把它裁剪成一个完整的部分。

③ 擦除多余的部分，简化元素。

④ 再进行尝试拼接。

⑤ 垂直翻转。

⑥ 角度旋转。

⑦ 扭曲变形。

⑧ 放大缩小。

## 二、寻找规律

铠甲元素确定后，画成1:1线稿。接下来需要寻找设计的规律线，通过规律调整元素的比例、尺寸，来完善线稿。

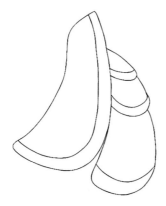

① 铠甲的设计线稿。

② 找到中心点，从上向下散发规律曲线。

③ 根据规律线调整线稿的外形。

④ 提取规律线。

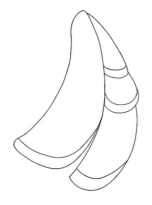

⑤ 取消规律线。

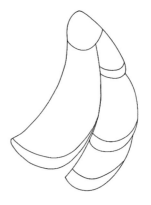

⑥ 在中心点处，画半个小圈，做中心面，以面代替点。

⑦ 把右下角三块面的距离，按比例均衡调整。

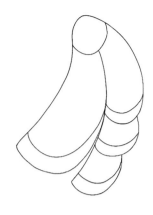

⑧ 加宽上半部分，使上下均衡。

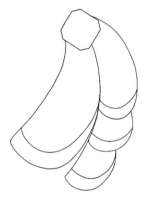

⑨ 用一颗方形石头代替中心面。

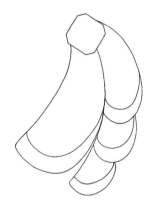

⑩ 把右下角三块面的边缘线条美化调整。

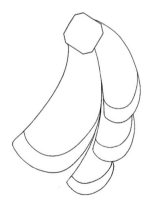

⑪ 再将三块面之间的层次画出，露出从下到上的层次关系。

⑫ 还原规律线，做对比。

## 三、重新组合

　　最后一个环节是重组，这也是最难的阶段。重组可人为组合，也可遵循自然的组合方式。要不断地进行尝试，才能把美的组合筛选出来。

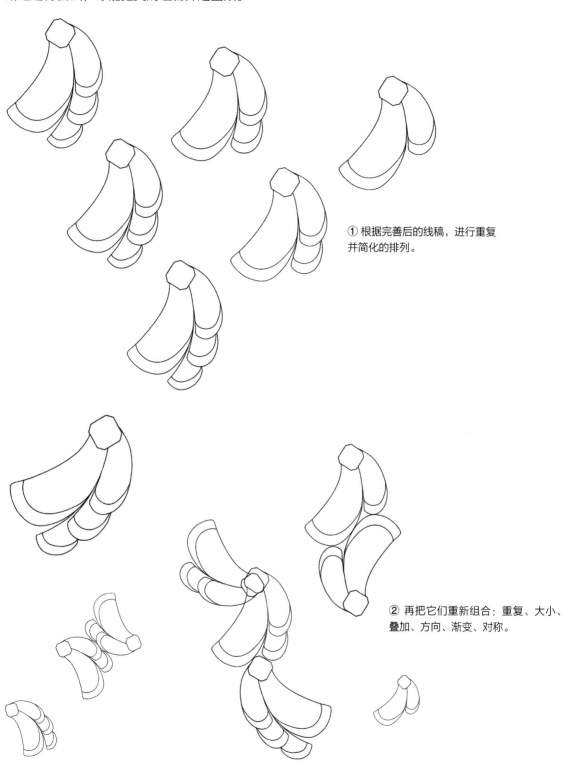

① 根据完善后的线稿，进行重复并简化的排列。

② 再把它们重新组合：重复、大小、叠加、方向、渐变、对称。

# 四、三件套写实

## 1. 项链设计

    经过提取元素、寻找规律、重新组合三阶段的筛选，我们大概可以看到设计成品后的效果。项链的设计就是把筛选后的元素放在预先设定好的规律线上，进行重组。

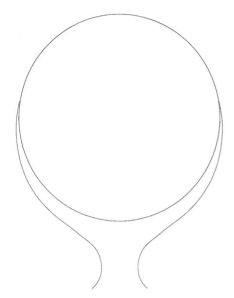

① 先画出项链的规律线。

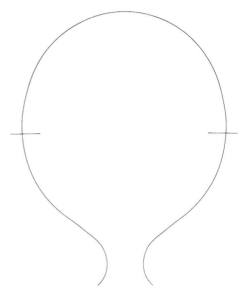

② 在项链的半截处，画上两条水平线做划分。

③ 水平线下方，用定好的规律线从小到大依次排列。

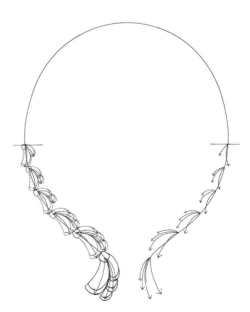

④ 再把设计好的元素匹配到规律线上。

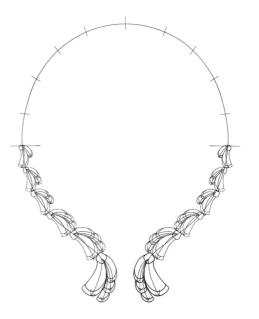

⑤ 左右对称。

⑥ 水平线上方，用十字线做分配记号，左右各分5段。

⑦ 以十字线为中心点，把方形石头放在9个点上。

⑧ 其余部分用圆形石头填满。

⑨ 水平线最上方，选用简化后的元素与下方的元素首尾呼应。

⑩ 水平线最下方，在项链空白处的正中心，用大十字线做记号。

⑪ 在十字线中心卡一颗大方形石头，与其余部分的方形石头大小呼应。

⑫ 取消规律线。

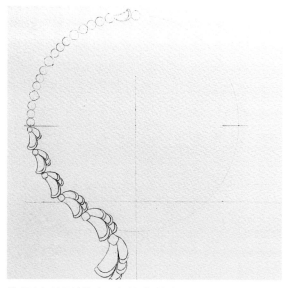

⑬ 把定好的设计线稿用硫酸纸复刻到TRIA DESIGN纸上。

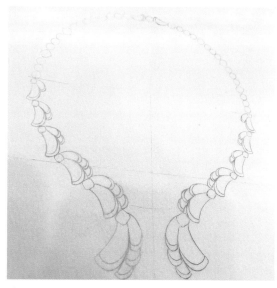

⑭ 完善设计线稿后，用硫酸纸复刻到另一边。

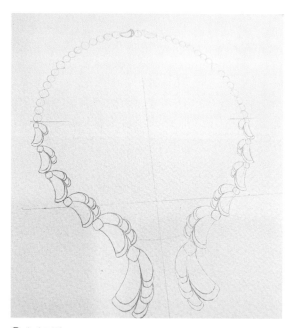

⑮ 左右对称。

⑯ 再盖一层硫酸纸在设计稿表面，用水彩试色。

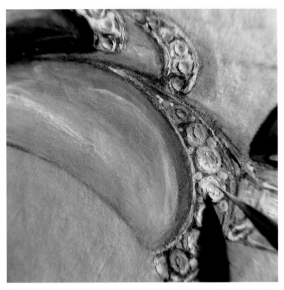

⑰ 颜色定好后，在灰卡纸上用水彩上色，尾部选用小钻石与其余部分的钻石大小呼应。

⑱ 方形石头选用黄色蓝宝石。

⑲ 剩余部位的材质分别为黑玛瑙和MOMO珊瑚。

㉑ 完成图。

⑳ 元素不超过3个，颜色不超过3个，有方有圆有规律。

## 2. 戒指设计

　　做与项链同款的戒指设计，可以参考项链的3元素与3颜色。但戒指的设计会较难一些，它不能一味地复制元素，而要考虑具体的佩戴效果。

　　所以定好的元素还需要改造，用和最初改素材一样的方法，进行二次设计。

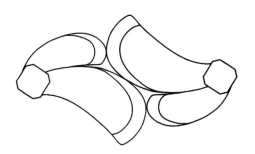

① 选取简化后的元素，左右对称+翻转。

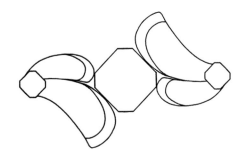

② 在中心处卡一颗方形石头，两边元素缩小，调整角度。

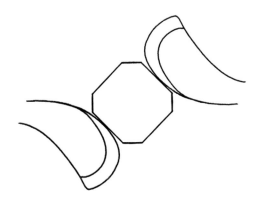

③ 擦除左右两边的方形石头和小块面。

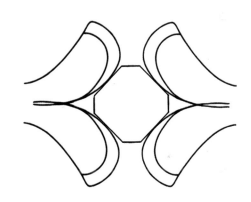

④ 上下对称。

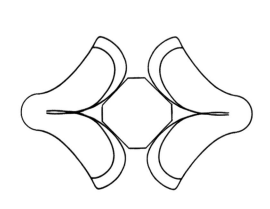

⑤ 左右两边用半圆封口。

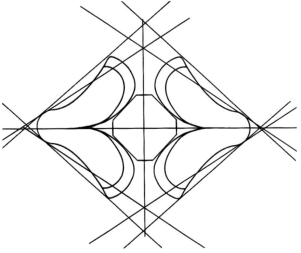

⑥ 以方形石头为十字中心，用直线框出戒指轮廓，得到一个方形框架。

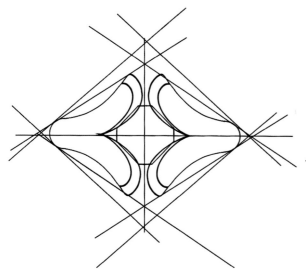

⑦ 根据方形框架，缩小戒指的外形尺寸。

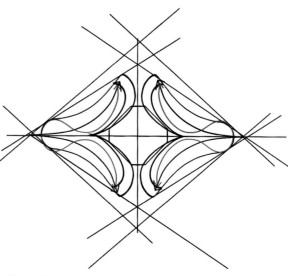

⑧ 以戒指两边为中心点，向方形石头散发规律曲线，用黑色与红色区分。

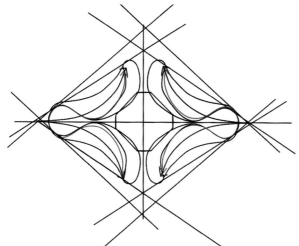

⑨ 根据红色规律曲线调整戒指的外形。

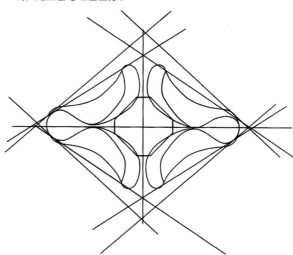

⑩ 取消规律曲线。

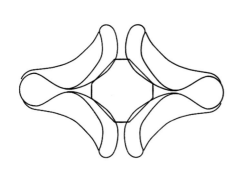

⑪ 取消方形框架，看整体效果。

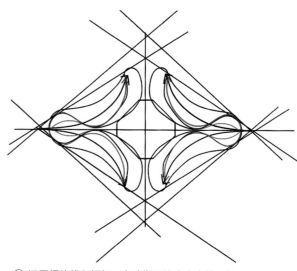

⑫ 还原规律线和框架，在戒指两边中心点处，标记绿色规律线

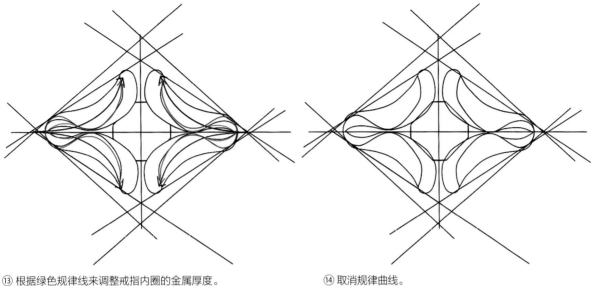

⑬ 根据绿色规律线来调整戒指内圈的金属厚度。

⑭ 取消规律曲线。

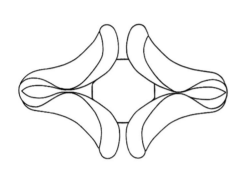

⑮ 取消方形框架，完成戒指设计稿。

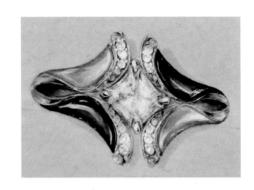

⑯ 参考黑白关系来调整上色的深浅。

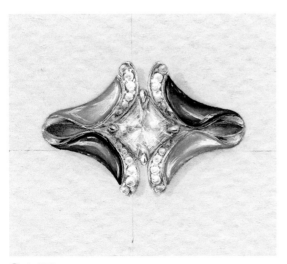

⑰ 完成图。

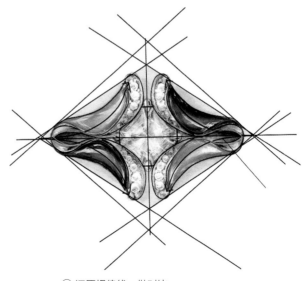

⑱ 还原规律线，做对比。

## 3. 耳坠设计

耳坠设计和戒指一样，参考项链3元素3颜色后，也要进行二次改造。它可以比戒指设计简单，也可以比戒指设计更难，这要看设计师重新组合的次数与耐心了。

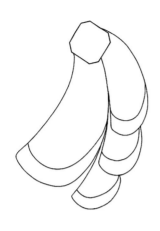

① 选取之前定好的元素。

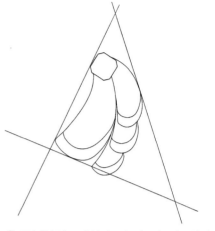

② 用直线框出元素轮廓，得到一个三角形框架。

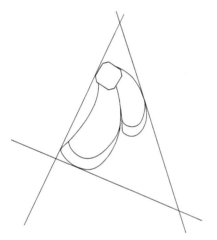

③ 擦除右下角的两小块面。

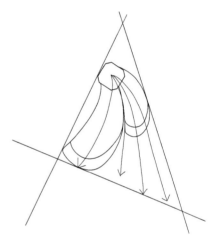

④ 找到中心点，根据三角形框架的走向，从上往下散发规律线。

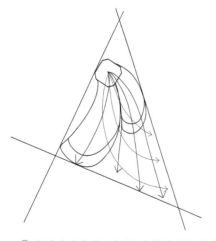

⑤ 以中心点为准，标记3条逆向的规律曲线，用红色区分开来。

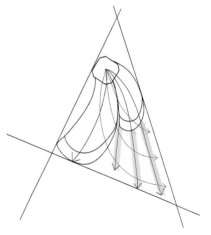

⑥ 在右下角出来的三条黑色规律线上，用黄色马克笔标记出来。

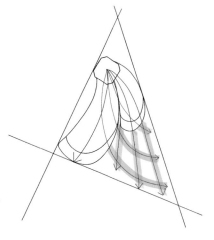

⑦ 在右下角出来的三条红色规律线上，用
蓝色马克笔标记出来。

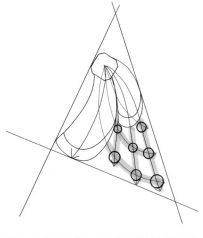

⑧ 得出黄色与蓝色马克笔交错的规律点后，
把大大小小的圆形石头放在点上。

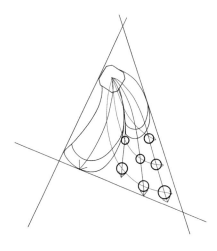

⑨ 取消马克笔。

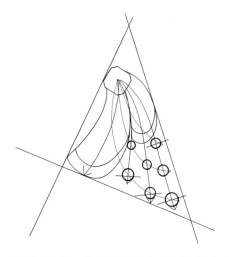

⑩ 在第一排和第三排的石头中心点上，用十字
线做记号。

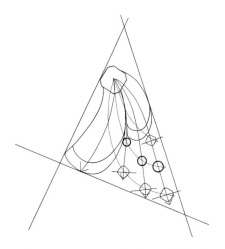

⑪ 以十字线为中心点，把方形石头放在这4
个点上。

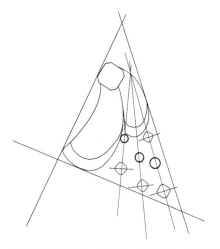

⑫ 取消规律曲线，找到另一处中心点，用红色直
线连接石头，形成一点三线。

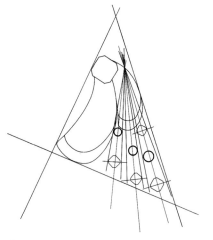

⑬ 根据另一处的中心点，用绿色直线放宽石头左右的长度。

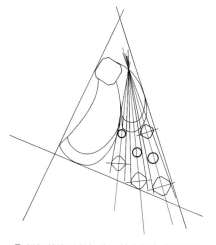

⑭ 根据放宽后的长度，放大所有方形石头。

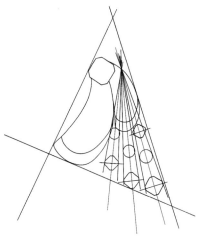

⑮ 同样也放大所有圆形石头。

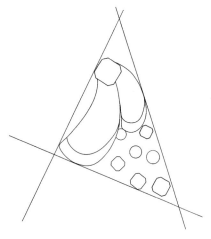

⑯ 取消直线，看整体效果。

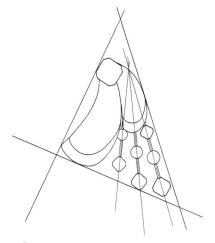

⑰ 还原红色直线。

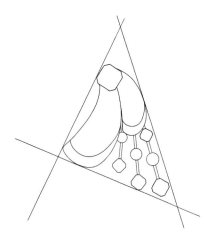

⑱ 根据一点三线的规律，用短条线段连接所有小石头。

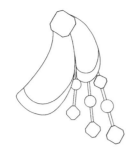

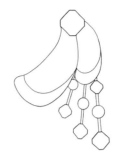

⑲ 取消三角形框架，美化调整边缘线条。

⑳ 调整耳坠的角度，完成耳坠设计稿。

㉑ 参考黑白关系来调整上色的深浅。

㉒ 完成图。

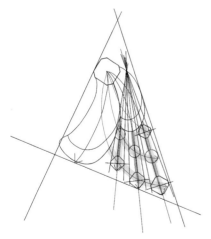

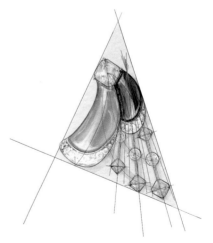

㉓ 还原规律线。

㉔ 做对比。

珠宝设计手绘表现技法与实战 ——基础·进阶·写实

# 第七章

# 写实原创设计综合材质上色案例

对于设计爱好者，入门时可以先脱离商业，不用考虑佩戴、预算、材料等问题的限制，只做原创设计，这样可以很好地进行头脑锻炼，为今后的设计开拓更宽广的思路。

# 1. 大祭司的羊头项链

（黑玛瑙+象牙+祖母绿+钻石+18k黄金）

在 微
线 信
观 扫
看 码

① 在珠宝设计专用纸上，用铅笔设计好线稿后，画出羊头的暗部。

② 用佩恩灰水彩表达黑玛瑙羊头的明暗关系。

③ 用白色和黑色勾线笔分别画出羊角方钻的刻面线与暗部。

④ 用高光笔点出羊角上圆形小钻石，铬绿色水彩画出羊眼睛的底色。

⑤ 眼睛按透明宝石画法上色，用佩恩灰水彩加深黑玛瑙的暗部。

⑥ 完成剩余羊角的钻石，再用CG5马克笔画出方形钻石的暗部。

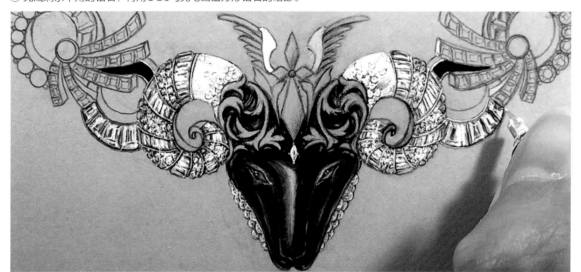

⑦ 用白色针管笔配合高光笔勾出钻石的刻面和高光的亮部。

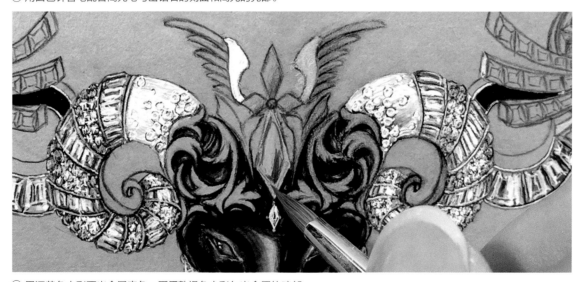

⑧ 用深黄色水彩画出金属底色，再用熟褐色水彩勾出金属的暗部。

⑨ 用白色水粉画出金属的亮部并结合暗部渐变开来，反光处加上一些朱红色环境色。

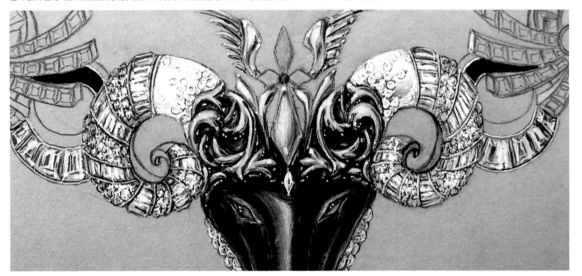

⑩ 画出十字架翅膀黄金部分，并在靠近黑玛瑙的边缘处点小白点作反光。

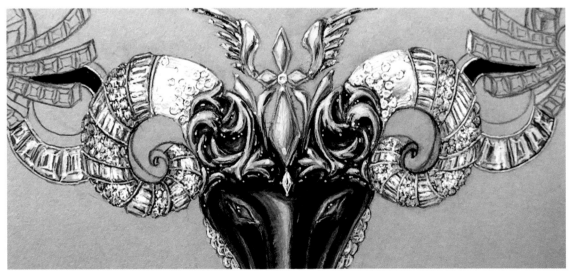

⑪ 用同样的步骤绘制剩余的黄金。

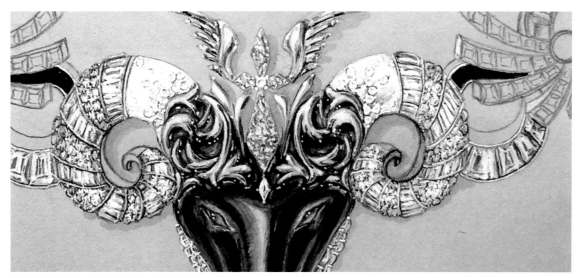

⑫ 十字架的金属做敲击纹理，和凹片金属画法一样。

⑬ 用白色针管笔配合高光笔勾出剩余项链部分的钻石。

⑭ 用黑色勾线笔和CG5马克笔勾画出钻石的刻面线和暗部。

⑮ 用白色针管笔同样步骤勾出所有钻石的刻面线和金属边。

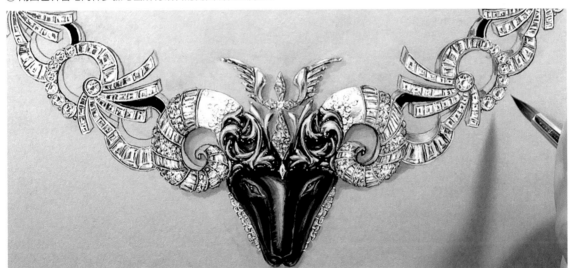

⑯ 用深黄色水彩铺项链的金属底色，用熟褐色水彩作金属暗部。

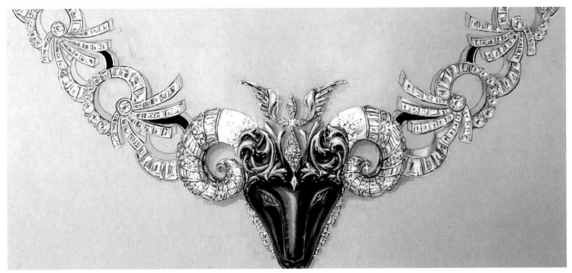

⑰ 羊头细节调整，加上小星光后，用CG1马克笔画出阴影。

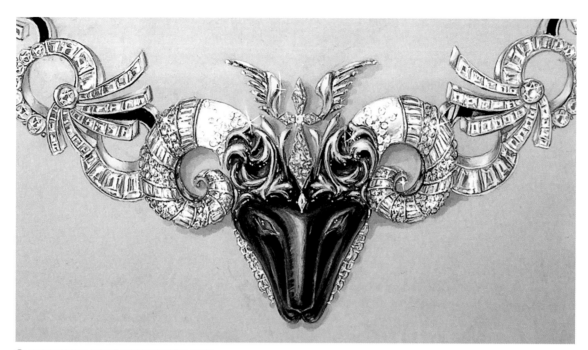

⑱ 所有项链黄金的部分亮部与暗部均匀渐变。

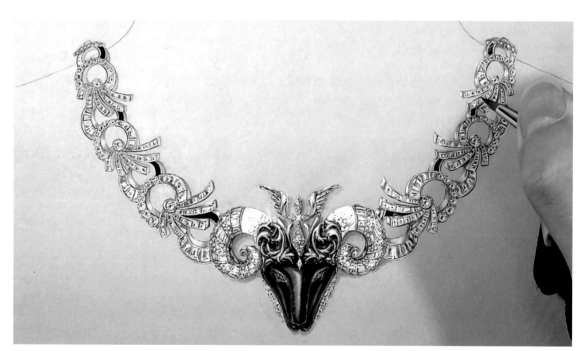

⑲ 整体细节、颜色、阴影调整。

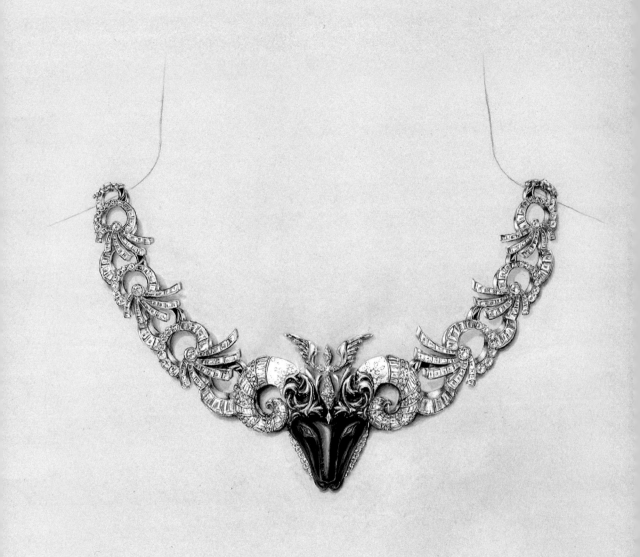

## 2. 荣耀的胸针

（珐琅+钻石+18k黄金/白金）

① 设计好线稿图，在珠宝设计专用纸上勾出。

② 钻石部分用自动铅笔画出刻面线，再用CG5马克笔点出暗部。

③ 用白色针管笔覆盖刻面线，用高光笔画出钻石的高光和钻石的金属边。

④ 黄金与珐琅处用深黄色+群青色水彩填色。

⑤ 这里的金属是平弧片，是不透的，要再加水彩覆盖厚实。

⑥ 大致地画出黄金与珐琅的明暗关系，钉镶钻石的转弯处用CG1马克笔加深。

⑦ 用熟褐色水彩随机地加上黄金的暗部。

⑧ 留下暗部笔触感后，稍稍晕染渐变。

⑨ 黄金厚度的边也用同样的方法去画。

⑩ 加上一点赭石色水彩作为暖色环境色。

⑪ 珐琅内部用白水粉添加多条反光。

⑫ 用CG1马克笔做阴影。

⑬ 用白色针管笔+佩恩灰色水彩画的细线做金属表面随机的拉丝处理。

⑭ 白水粉拉的细线也有同样效果，注意白线与黑线是挨着的。

⑮ 加强金属的明暗关系，增强质感。

⑯ 整体细节、颜色、阴影调整。

## 3. 狮子舞手链

（祖母绿+钻石+铂金）

① 设计出线稿，在珠宝设计专用纸上勾出。

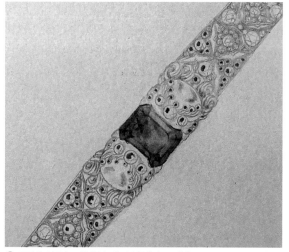

② 用树叶绿色+铬绿色水彩涂满宝石底部，再用CG1马克笔点钻石的暗部。

③ 用白水粉和佩恩灰色水彩画狮子头的明暗关系。

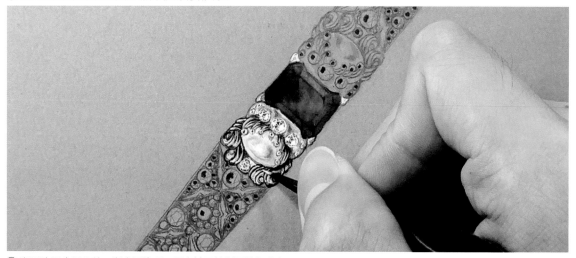

④ 狮子头是金属凸片，渐变晕染后，画出钻石的刻面线与亮部。

⑤ 用高光笔连接祖母绿刻面线，点缀内部的光点。

⑥ 用树叶绿色水彩整体覆盖祖母绿后，随机用白水粉加一些反光。

⑦ 等水粉干后，再次覆盖祖母绿。

⑧ 等再次全部干透后，用白水粉在祖母绿的桌面涂高光并做渐变。

⑨ 用相同的方法完成另一颗狮子头。

⑩ 用白色针管笔画出手链上小钻石的刻面线和金属边。

⑪ 细心刻画手链尾部的钻石部分。

⑫ 用高光笔完成所有钻石部分后，用CG1马克笔上影子。　⑬ 卡扣处的金属是平片，用平片金属的画法画出渐变。

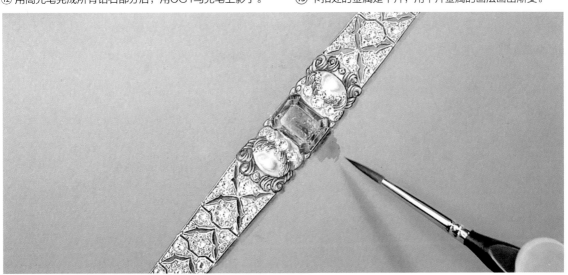

⑭ 因为光透过宝石带有绿色，所以祖母绿宝石的影子用树叶绿水彩拉开渐变。

⑮ 等绿影子干了后，用佩恩灰水彩加深狮子头暗部，让狮子头更立体。

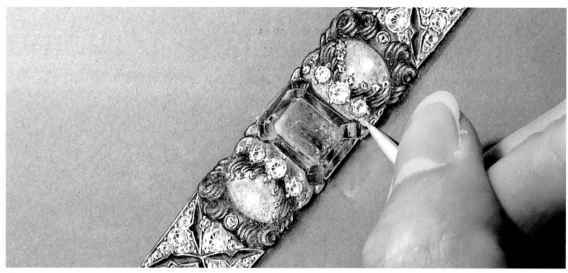

⑯ 但狮子头太亮了，现在用喷砂效果代替，先用银粉笔芯配合白水粉，把狮子头覆盖一层。

⑰ 再手动用白水粉+佩恩灰色水彩点上喷砂的小细点。

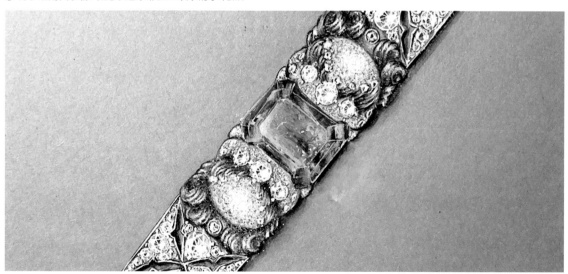

⑱ 整体细节、颜色、阴影调整。

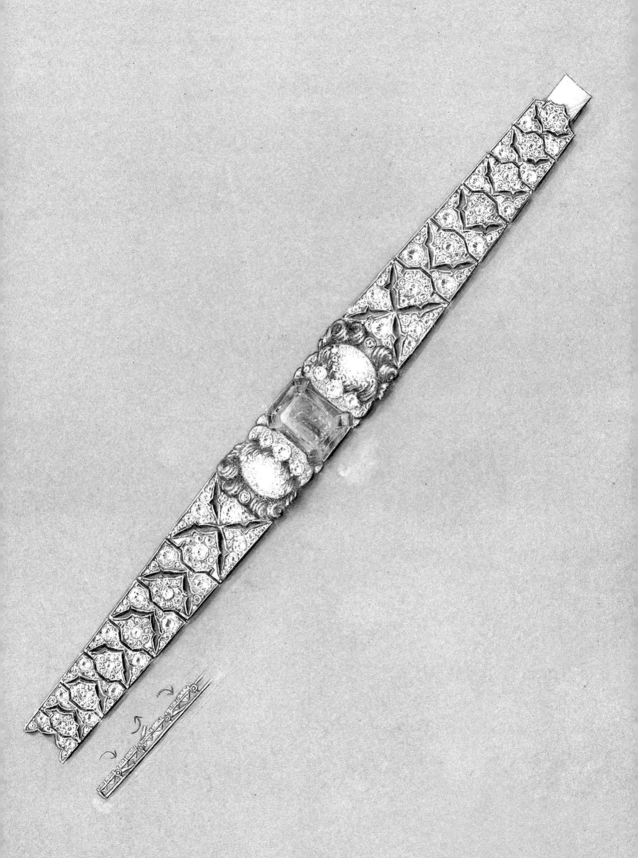

## 4. 十字架耶稣手镯

（黑玛瑙+沙弗莱+钻石+18k黄金/白金+木纹金）

① 设计好线稿，在专用纸上勾出。

② 用CG5马克笔点出钻石的暗部。

③ 用辉柏嘉马克笔代替水彩填底色。

④ 用自动铅笔画出金属翅膀拉丝和钻石刻面线，这里的头发金属是凸片。

⑤ 用白色针管笔覆盖铅笔拉丝，画出金属的明暗关系。

⑥ 用白色针管笔画出沙弗莱和钻石的刻面线，用白水粉画出黑玛瑙的亮部。

⑦ 沙弗莱明暗关系大致表达出后，完成所有钻石刻面线。

⑧ 用高光笔点出金属衣领上的露珠边。

⑨ 用深黄色水彩再次覆盖黄金部分，用佩恩灰色水彩加深 ⑩ 用熟褐色水彩再次加深黄金与翅膀拉丝的暗部。
翅膀间的缝隙。

⑪ 用白水粉提亮黄金亮部，这第二层的明暗关系会使黄金更有质感。

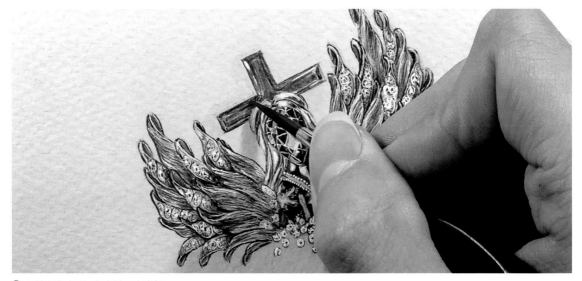

⑫ 用赭石色水彩+白水粉画十字架。

⑬ 十字架是平片，又有厚度，渐变时注意反光部分。

⑭ 用白水粉再次提亮翅膀拉丝处最亮的部分，再用树叶绿色水彩覆盖沙弗莱。

⑮ 再用铅笔勾画出翅膀拉丝处最暗的部分。

⑯ 配合白水粉的渐变，画出沙弗莱宝石的明暗关系。

⑰ 用高光笔点出所有石头的爪子。

⑱ 用朱红色+深黄色水彩做黄金与翅膀反光处的环境色。

⑲ 整体细节、颜色、阴影调整。

## 5. 钛金钻石手镯

（钻石+钛金）

① 用铅笔画出设计好的线稿。

② 用白水粉+高光笔把金属与小钻石的底色填上。

③ 用白色针管笔勾出钻石旁的金属边与厚度。

④ 选择部分最亮的钻石用高光笔点出来，这是第一批钻石。

⑤ 再用普蓝+群青+天蓝+树叶绿色水彩涂在白底上，表达钛金的明暗关系。

⑥ 用水把它们渐变拉开，较亮的部分呈天蓝带点绿，较暗的部分呈群青带点紫。

⑦ 同样把钻石旁的金属边和厚度都上钛金色。

⑧ 用高光笔点出剩余的所有钻石，这是第二批钻石。

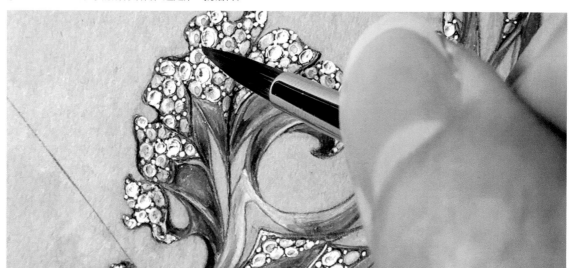

⑨ 用佩恩灰色水彩在第二批钻石上，利用水彩的水渍做钻石的桌面。

⑩ 用前面提到的几种颜色加水轻轻地点在钻石上，做钻石的环境色。

⑪ 这里的钛金是平弧片，用白水粉+群青色水彩画出钛金的明暗关系。

⑫ 用高光笔点缀钛金表面的反光和两侧转弯处的厚度。

⑬ 这里整个手镯是平弧片，所以中间亮，两边暗，用白水粉加亮手镯中间的亮部。

⑭ 用朱红+群青色水彩轻轻画在钛金的反光处和靠近反光处的钻石，作环境色。

⑮ 用白针管笔点小白点做钛金表面的小星光。

⑯ 用CG1马克笔画出手镯阴影。

⑰ 整体细节、颜色、阴影调整。

第八章

作品欣赏

# 蒂芙尼绿松石项链

# 哥伦比亚祖母绿吊坠

# 七彩吊坠

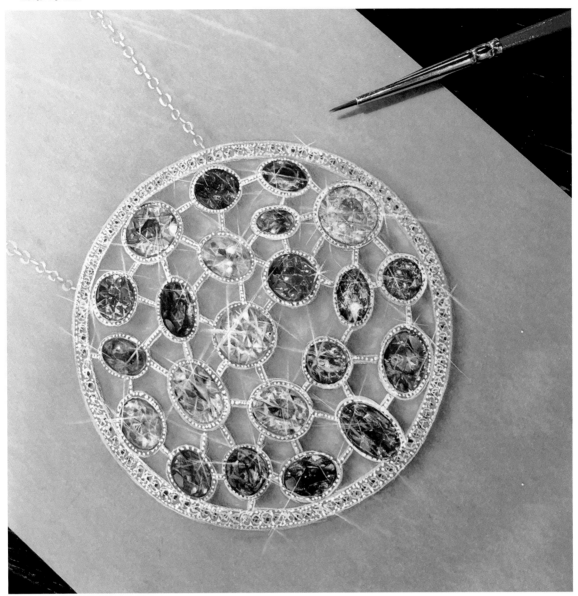

# 异形珍珠吊坠

# Buccellati太阳花胸针

# Buccellati珍珠胸针

# Buccellati祖母绿胸针

# 满钻戒指

## 黄金拉丝戒指三视图

## 猫眼石

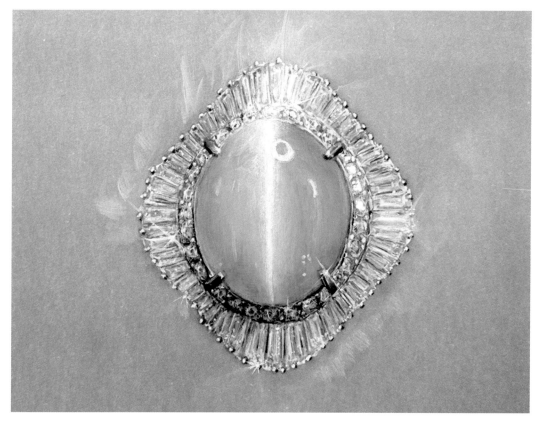

## 赞比亚祖母绿

珠宝设计手绘表现技法与实战 ——基础·进阶·写实

蓝宝钻石皇冠

玫瑰切钻石皇冠

## 钻石皇冠珠宝

## 油画独角兽胸针

# 欧珀蝴蝶

# Buccellati戒指

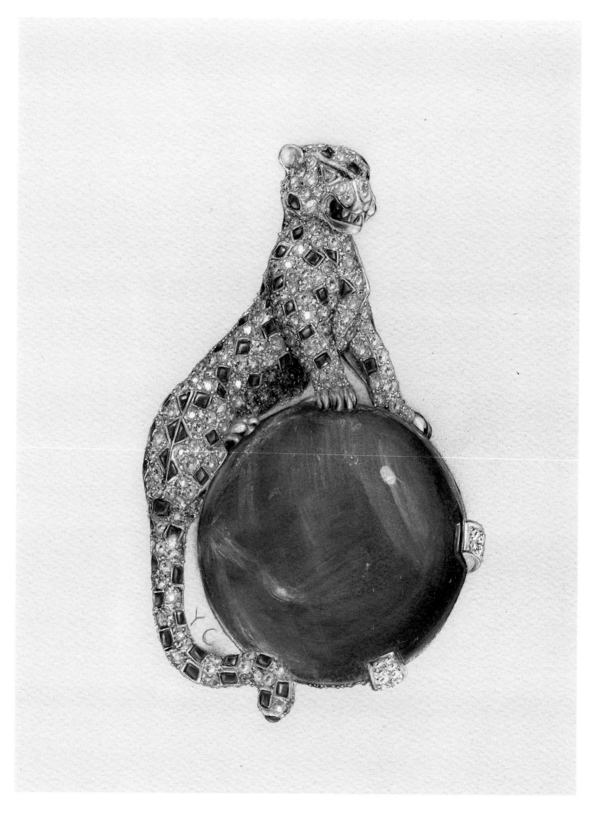

**黑金蜘蛛胸针**

# 卡地亚小鸟胸针

# 小企鹅胸针

# 后 记

在珠宝设计和珠宝绘画中，我找到了自己的成就感，时光在研究新技法、不断尝试调整、创作绘制新作品的过程中飞速流逝，自从走上珠宝设计这条路以来的每一天都那样充实和快乐。

有很多学生喜爱珠宝设计手绘，但是事业、家庭、学习难以兼顾，希望这本书可以鼓励他们坚持下去，希望设计和绘画能够给大家带来欢乐和收获。

每一次的尝试都会有很多新的收获，精益求精，发现一点不足就付出成倍的时间去修改，这是快速成长的秘诀，希望大家能坚持，加油！

感谢母亲一直以来的支持，感谢朋友们的不断鼓励。不论何时开始，只要坚持下去，梦想是可以实现的！

**YC**

**2020年10月**